Meine Katze macht was sie will

AUTORIN: BIRGIT KIEFFER | FOTOGRAFIN: JANA WEICHELT

Inhalt

48 Problemkatzen

Extras

So sind Katzen

Katzen sind selbstbewusst und unabhängig. Im Zusammenleben mit dem Mensch haben sie sich fast perfekt an unsere Lebensweise angepasst. Dennoch kommt es manchmal zu Missverständnissen. Schließlich haben Katzen ihre eigene Sprache – und es liegt an uns, ihre Wünsche und Nöte richtig zu interpretieren.

Von Katzen und Menschen

Seit Jahrtausenden leben Katzen mit Menschen zusammen. Die Gemeinschaft hatte für beide Seiten Vorteile: Die Katze freute sich an den vielen Mäusen in den Kornspeichern, unsere Vorfahren waren dankbar, dass die Katzen die Mäuseplage in Grenzen hielt. Aus dem ursprünglichen Zweckbündnis entwickelte sich im Laufe der Zeit eine enge Bindung. Heute hält kaum noch jemand eine Katze, um Mäuse zu fangen.

Faszinierende Wesen

Katzen zählen zu den beliebtesten Haustieren. Sie gelten als unabhängig und selbstständig, aber auch als anschmiegsam und liebesbedürftig. Sie verzaubern uns durch ihre Eleganz und Grazie – ganz gleichgültig, ob es sich um eine normale Hauskatze oder eine edle Rassekatze handelt. Wer schon einmal einen Stubentiger beobachtet hat, der voller Anmut auf einem schmalen Brett balanciert oder völlig entspannt in der Sonne liegt, kann sich dem Zauber schwer widersetzen.

Böse Katzen gibt es nicht

Leider eilt Katzen jedoch auch der Ruf voraus, unberechenbar und hinterlistig zu sein. Wie oft wird dann das Beispiel von der Katze angeführt, die ganz entspannt auf dem Schoß ihres Menschen liegt und sich streicheln lässt, bis sie ohne ersichtlichen Grund plötzlich die Pfote hebt und zuschlägt. Sofort heißt es dann, die Katze ist »falsch« und verschlagen. Dabei hat das Tier sehr wahrscheinlich schon vorher gezeigt, dass es nicht mehr gestreichelt werden möchte. Ihr Mensch hat diese – zugegeben sehr subtilen – Zeichen nur nicht verstanden. Die Katze muss daher zu drastischeren Mitteln greifen, um sich verständlich zu machen.

Natürliche Verhaltensweisen

Die meisten typischen Verhaltensweisen unserer Katzen haben ihren Ursprung in der wilden Vergangenheit ihrer Ahnen. Durch Geruchsmarken beispielsweise informierten jene andere Katzen über ihre Anwesenheit; der Jagdtrieb war überlebensnotwendig, um nicht zu verhungern.

Auch wenn Wohnungskatzen ihr Territorium nicht mehr verteidigen und nicht mehr jagen müssen, weil sie von uns gehegt und gepflegt werden: Die alten Instinkte sind noch in jeder Katze vorhanden.

Das Territorialverhalten

Die wilden Vorfahren unserer Katzen mussten um ihre Nahrung kämpfen. Um sicherzustellen, dass genügend Beutetiere vorhanden sind, war es wichtig, das Revier gegen Eindringlinge zu verteidigen. Kater, die ein großes Revier ihr Eigen nennen konnten, waren zudem interessantere Partner für die weiblichen Artgenossen – und sind es immer noch. Nicht zuletzt schützen Katzen ihren Nachwuchs, indem sie ihr Revier bewachen.

Katzen sind dämmerungsaktive Tiere. Da ihre Beutetiere vor allem in den frühen Morgen- und späten Abendstunden auf Futtersuche sind, haben sie zu dieser Zeit den größten Jagderfolg. Das wird genutzt.

Dabei lässt sich der Lebensraum unserer Katzen in zwei Bereiche unterteilen:

› Der innere Bereich ist das Heim. Bei Wohnungskatzen zählen hierzu Schlafplatz, Ruhezonen und Aussichtsplätze, aber auch Futterplatz und Toilette. Bei Katzen mit Freigang wird die gesamte Wohnung als innerer Bereich bezeichnet.

› Zum äußeren Bereich gehören bei Wohnungskatzen alle weniger oft genutzten Räume und bei »Freigängern« das Revier außerhalb des Hauses.

Der Jagd- und Beutetrieb

Wie das Revierverhalten ist auch das Jagdverhalten eine angeborene Verhaltensweise. Die Fähigkeiten zur Jagd sind dabei zu einem Teil ererbt, zum anderen erlernt. In der freien Natur lernen schon die Katzenjungen jagen, indem ihre Mutter schwer verletzte Beute ins Nest bringt. Der Jagdtrieb hängt übrigens nicht mit dem Hunger zusammen. Deshalb wird eine hungrige Katze auch nicht mehr jagen als eine satte. Und genauso wird es Ihnen nicht gelingen, Ihre Mieze vom Jagen abzuhalten, indem Sie sie besonders gut füttern. Im Gegenteil: Eine optimal ernährte Katze ist fitter und hat mehr Energie.

Unerwünschte Präsente Besonders unangenehm wird es, wenn Mieze ihre Beute mit in die Wohnung bringt oder womöglich sogar im Bett deponiert. Doch anstatt vor Entsetzen aufzuschreien und die Katze voll Abscheu wegzuscheuchen, sollten Sie versuchen, Ihren Ekel zu unterdrücken. Aus Katzensicht bringt sie Ihnen ja gerade ein ganz besonderes Geschenk; sie möchte ihren Jagderfolg mit Ihnen teilen. Dieses Verhalten zeigt Ihnen, wie sehr Ihre Samtpfote Sie mag. So schwer es Ihnen also auch fallen mag: Loben Sie Ihren Tiger reichlich, lenken Sie ihn mit einem Spielzeug ab und lassen das »Geschenk« ganz unauffällig verschwinden.

Katzensprache deuten

TIPPS VON DER
KATZEN-EXPERTIN
Birgit Kieffer

TONFALL Katzen verfügen über ein großes Repertoire an Tönen, mit denen sie sich verständigen. Während der Paarungszeit wirbt ein Kater jammervoll um eine Kätzin. Eine Katzenmutter ruft durch Gurren ihre Jungen zu sich. Durch mehr oder weniger lautes Schnurren drückt die Katze ihr Wohlbefinden aus. Möchte sie einen Feind warnen, wird laut geknurrt. Ist die Katze in Not oder Bedrängnis, schreit sie laut.

MIAU Den wohl bekanntesten Laut gebraucht die Katze nur gegenüber Menschen. In der freien Natur wird sie es vermeiden, zu miauen. Zum einen könnte sie dadurch Feinde auf sich aufmerksam machen, zum anderen wird sie mit großer Sicherheit potenzielle Beute verscheuchen.

HILFERUF Wahrscheinlich betrachten miauende Katzen uns tatsächlich als Wesen, die in der Lage sind, Dinge zu bewältigen, die sie allein nicht bewerkstelligen können. Mit dem »Miau« bittet Ihre Katze Sie freundlich um Hilfe, verlangt nach Aufmerksamkeit oder Futter. Allerdings maunzen Katzen manchmal auch aus Langeweile.

Besondere Fähigkeiten der Katze

Balance

Katzen besitzen einen ausgeprägten Gleichgewichtssinn. Schon mit sieben Wochen drehen sie sich im Fall und landen bei einem Sturz auf allen vier Pfoten. Um auf schmalen Balkonbrüstungen oder auf dünnen Ästen das Gleichgewicht zu halten, benutzen sie ihren Schwanz als Balancierhilfe.

Treteln

Wenn die Katze auf Ihrem Schoß liegt und beginnt, rhythmisch mit ihren Krallen zu treten, zeigt dies, dass sie sich wohlfühlt. Das Treteln ist ein Überbleibsel aus der Welpenzeit, als die Kätzchen durch das Massieren des Bauchs der Mutter den Milchfluss anregten.

Geruch

Katzen riechen nicht nur mit der Nase, sie haben zusätzlich ein Jacobsonsches Organ, über das sie Düfte aufnehmen können. Vor allem Sexuallockstoffe werden mit der Zunge über die Mundhöhle an das Jacobsonsche Organ gebracht. Eine flehmende Katze hat den Mund leicht geöffnet, die Mundwinkel sind leicht nach hinten gezogen, und die Nase ist hochgezogen.

Entspannt

Ist die Katze völlig entspannt, sind die Ohren leicht nach vorn gedreht, die Tasthaare stehen etwas vom Kopf ab, die Pupillen sind leicht oval, und der Schwanz ist ruhig. Meist schnurrt die Katze dabei wohlig vor sich hin.

Gehör

Das Gehör ist eines der wichtigsten Sinnesorgane – und noch empfindlicher als das eines Hundes. Katzen können Töne bis zu 100 000 Hz wahrnehmen. Um zu lokalisieren, woher ein Geräusch kommt, kann die Katze jede ihrer Ohrmuscheln um 180° drehen.

Sehkraft

Anhand der Pupillenstellung lässt sich der Gemütszustand einer Katze ablesen. So deuten große, geweitete Pupillen auf ein aufgeregtes, interessiertes oder aber ängstliches Tier hin. Sind die Pupillen dagegen zu einem schmalen Schlitz geschrumpft, muss mit einem Angriff gerechnet werden. Eine entspannte Katze hat die Augen leicht geschlossen, die Pupillen sind mittelgroß.

Tastsinn

Mithilfe der langen Schnurrhaare an der Schnauze, über den Augen und an den Ellbogen können Katzen die kleinste Berührung ausmachen. Mit ihrer Hilfe registrieren sie den leisesten Windhauch und jede Veränderung in ihrer Nähe.

Nicht jedes »Problem« ist wirklich eines

Ab und zu kommen auch beim wohlerzogensten Stubentiger die Instinkte seiner wilden Ahnen zum Vorschein – und wir verstehen dann meist nicht, warum sich unsere Katze plötzlich so seltsam verhält. Wir neigen dann dazu, sie zu schimpfen, weil wir denken, sie wolle uns nur ärgern. Dabei sollten wir lieber nach den Gründen für ihr Verhalten forschen. Schließlich will uns unser sensibler Liebling damit ja irgendetwas mitteilen.

Unsauberkeit

Schon im Babyalter lernen die kleinen Kätzchen von der Mutter, ihre Hinterlassenschaften an einem ruhigen Ort zu verscharren. Meidet eine Katze plötzlich ihre Katzentoilette, möchte sie uns damit auf ein Problem aufmerksam machen.

Markieren Beim Markieren mit Harn hebt die Katze Hinterteil und Schwanz an und spritzt mit scharfem Strahl an Wände oder Gegenstände. Die Tiere – meist Kater, seltener auch Katzen – setzen ihre Duftmarken an senkrechte Flächen, vor allem im Bereich von Außentüren und Fenstern. Ein möglicher Auslöser für das plötzliche Markierverhalten kann bei Katzen mit Freigang eine neue Katze in der Umgebung sein. Ihr Tier fühlt sich in seinem Revier nicht mehr sicher und will durch den Geruch zeigen, wer hier der Boss ist. Auch Wohnungskatzen markieren manchmal im Haus, zum Beispiel, wenn mehrere Tiere im Haushalt leben. Markieren ist bei geschlechtsreifen Katzen ein völlig natürliches Verhalten. Bei 95 Prozent legt sich das »Problem« nach einer Kastration (nicht Sterilisation).

Urinieren Ähnliche Ursachen hat auch das Urinieren. Dabei hinterlassen die Katzen Pfützen auf dem Boden, der Couch, der Wäsche und schlimmstenfalls im Bett. Auch hier hat sich meist etwas im Umfeld der Katze geändert; sie fühlt sich nicht mehr sicher und geborgen: Neue tierische Mitbewohner können der Auslöser für das unerwünschte Verhalten sein, ebenso Veränderungen in der Familienkonstellation, plötzliche Vernachlässigung oder Krankheit.

Die meisten Katzen haben gelernt, dass Essenklauen verboten ist. Aber die Verlockung ist meist zu groß.

Jagen

In jeder Katze schlummert ein leidenschaftlicher Jäger. Egal, ob ein Käfer auf der Terrasse krabbelt oder ein Blatt vom Wind davongeweht wird: Sofort erwacht ihr uralter Instinkt, und die »Beute« wird attackiert. Bei vielen Wohnungskatzen fehlen jedoch Reize, damit Mieze diesen Jagdtrieb ausleben kann. Kommt Herrchen oder Frauchen dann nach Hause, bewegt sich plötzlich etwas. Die ideale Gelegenheit, um zu jagen. Endlich kann sich Mieze verstecken und auf die vermeintliche Beute lauern. Läuft der Mensch dann an seiner Katze vorbei, versucht sie ihn mit einem gezielten Sprung zu stellen. Wir Menschen erschrecken dabei nicht nur, so ein Angriff kann auch sehr schmerzhaft sein.

Kratzen

Um erfolgreich jagen zu können, ist es wichtig, die »Waffen« bereit und geschärft zu haben. Es ist ein weitverbreiteter Irrtum, dass Katzen kratzen, um ihre Krallen abzuwetzen. Das Gegenteil ist der Fall: Sie streifen dadurch die störenden, abgestorbenen Keratinschichten ab und schärfen die Krallen wieder. Idealerweise erledigen Katzen dies an extra dafür bereitgestellten Kratzbäumen, die in keinem Katzenhaushalt fehlen sollten. Dabei hinterlassen sie gleich noch ihren Duft, mit dem sie möglichen Eindringlingen mitteilen, wem dieses Revier gehört. Fehlt eine passende Kratzgelegenheit, sucht sich die Samtpfote einen, aus ihrer Sicht ebenso geeigneten Ersatz. Das kann der neue Sessel ebenso sein wie das antike Tischbein oder die teure Tapete.

Essen stibitzen

Es gibt für eine Katze fast nichts Verlockenderes, als eine Scheibe Wurst oder ein Stückchen Fleisch vom gedeckten Tisch zu klauen. Von unten angelt

Katzen sind sehr kommunikativ. Mit ihrem Miauen möchten sie uns etwas mitteilen. Manchmal wollen sie auch nur »erzählen«, was sie erlebt haben.

Mieze äußerst geschickt mit der Pfote auf den Tisch und versucht etwas zu erhaschen. Hat sie etwas erwischt, bringt sie die Beute mit Stolz erhobener Brust in Sicherheit. Fazit: Beim Stibitzen werden gleichzeitig Spiel- und Beutetrieb angesprochen – auch wenn uns das gar nicht gefällt. Damit Ihr Liebling erst gar nicht in Versuchung kommt, sollte nichts Essbares in seiner Reichweite herumstehen.

Nuckeln

Viele Katzen nuckeln entweder an ihrem eigenen Fell oder – wenn sie auf unserem Schoß sitzen – an Kleidungsstücken. Besonders extrem ist dieses Verhalten bei Tieren, die zu früh von der Mutter getrennt wurden. Das Nuckeln erinnert sie an ihre Babyzeit und vermittelt ein Gefühl von Sicherheit und Vertrauen. Es ist also durchaus als ein Liebesbeweis zu verstehen.

Wie »normal« ist Ihre Katze?

Das Verhalten von Katzen setzt sich aus angeborenen Instinkten, Erbanlagen und erlernten Verhaltensweisen zusammen. Gibt es Probleme, sollten Sie daher zuerst untersuchen, ob es sich um ein artgerechtes, um ein unerwünschtes Verhalten oder gar um eine Verhaltensstörung handelt.

Artgerechtes Verhalten

Die meisten wildlebenden Katzen leben in losen sozialen Verbänden. Sie sind entgegen der weitverbreiteten Annahme keine absoluten Einzelgänger; lediglich bei der Jagd sind sie lieber allein. Wilde Katzen und Freigänger verbringen viel Zeit damit, auf Beute zu achten – oder auf andere Räuber, die ihnen die Beute streitig machen könnten. Die restliche Zeit schlafen sie und schonen ihre Energie.

Einen großen Teil des Tages verbringt eine Katze mit Beobachten. Ist ihre Aufmerksamkeit erst einmal geweckt, lässt sie sich kaum mehr ablenken.

Revierverhalten Um anderen Katzen mitzuteilen, wem das jeweilige Revier gehört, wird dieses mittels körpereigener Duftstoffe oder durch Urin markiert. Die Katze inspiziert mehrmals täglich ihr Revier, um zu kontrollieren, wer sich in der Zwischenzeit darin aufgehalten hat, und um ihre Duftmarken aufzufrischen. Auch in der Wohnung markiert die Katze ihr Revier, indem sie im Vorbeigehen Duftstoffe verteilt, die aus Drüsen im Gesicht und an den Pfoten abgesondert werden. Wir Menschen empfinden das nicht weiter als störend, da wir die Gerüche nicht wahrnehmen können.

Unerwünschtes Verhalten

Tobt ein kleines Kätzchen durch die Wohnung, kann es im Eifer des Gefechts schon einmal passieren, dass es vergisst, rechtzeitig das Katzenklo aufzusuchen. Das Pfützchen auf dem Boden wird Sie sicher nicht erfreuen. Machen Sie trotzdem kein Aufsehen darum, putzen Sie das Malheur einfach auf und gehen Sie zur Tagesordnung über. Kleine Kätzchen können den Gang zur Toilette noch nicht vorausschauend planen. Wird die Katze größer, können Sie jedoch zurecht erwarten, dass so etwas nicht mehr passiert. Geht doch etwas daneben, kann dies verschiedene Ursachen haben. Zuerst einmal sollten Sie im Gespräch mit dem Tierarzt abklären, ob eine Erkrankung vorliegt. Kann dies ausgeschlossen werden, müssen Sie Ursachenforschung betreiben. Fühlt sich Ihre Katze durch Veränderungen im Leben ihrer Familie, durch ein anderes Tier oder einen neuen Mitbewohner bedroht? Dann reagiert sie schnell verunsichert. Sie wird dann verstärkt versuchen, ihre Besitzansprüche geltend

Den Großteil des Tages verbringt eine Katze mit Spielen. Sie trainiert so ihre körperlichen und geistigen Fähigkeiten – und vertreibt sich die Zeit.

Gerade im Freien ist es für eine Katze wichtig, ihr Revier zu markieren. Durch das Reiben mit dem Köpfchen hinterlässt sie ihre ganz speziellen Duftstoffe.

zu machen, zum Beispiel indem sie plötzlich an verschiedenen Stellen in der Wohnung uriniert oder an Möbeln und Teppichen kratzt. Dadurch markiert sie ihr Revier und teilt dem Eindringling mit: »Ich bin hier zu Hause und habe die älteren Rechte.« Hat sich die Situation wieder normalisiert oder ist die vermeintliche Bedrohung abgewendet, wird sich auch die Katze wieder sicher fühlen und muss nicht mehr derart intensiv auf ihre Ansprüche hinweisen.

Viel Zuwendung Zwar können manche Veränderungen im Leben nicht rückgängig gemacht werden. Durch verstärkte Aufmerksamkeit und ein wenig Einfühlungsvermögen wird sich die Katze jedoch auch an die neue Situation gewöhnen und anpassen.

Verhaltensstörung

Schocks, traumatische Erlebnisse, aber auch ein übermäßiges Maß an Zuneigung können Verhaltensstörungen verursachen, die sich zum Beispiel in aggressivem Verhalten äußern: Die Katze beißt und kratzt und lässt niemanden an sich heran. Auch wenn eine Katze sich ganz in sich zurückzieht, ist dies eine Verhaltensstörung; etwa wenn das Tier gar nicht mehr aus einem Versteck herauskommen will. Insichzurückziehen kann aber auch bedeuten, dass die Katze sich nicht mehr für ihre Umwelt interessiert. Diese Art der Verhaltensstörung fällt häufig sehr spät auf, da das Tier auf den ersten Blick keinerlei Probleme macht. Weil sie frisst und ihr Katzenklo benutzt, merkt der Besitzer nicht, dass die Katze leidet. Eine Verhaltensstörung kann sich auch in extremem Putzen äußern. Dann schleckt sich die Katze so lang, bis an der betreffenden Stelle keine Haare mehr wachsen; mitunter wird die Hautstelle sogar wund geschleckt und blutet.

Hilfe vom Fachmann Leidet Ihre Katze an einer wirklichen Verhaltensstörung, sollten Sie ihr dringend fachmännische Hilfe zukommen lassen. Denn diese Störungen legen sich leider nicht von selbst, im Gegenteil: Häufig verstärken sich die Symptome mit den Jahren, und die Katze leidet immer mehr.

Katzenrassen im Porträt

Katzenrassen unterscheiden sich nicht nur optisch, auch ihr Charakter ist unterschiedlich. Um das für Sie passende Tier zu finden, sollten Sie neben dem Aussehen auch die unterschiedlichen Wesensmerkmale berücksichtigen.

BENGAL Bei der relativ jungen Katzenrasse mit schön gezeichnetem Fell kommt das Erbe der wilden Vorfahren häufig noch durch. Sie ist bis ins hohe Alter verspielt, aktiv und gesprächig, jedoch auch ein wenig scheu.

SIAMKATZE Eine schlanke Rasse mit kurzem, pflegeleichtem Fell. Sehr lebhaft und gesprächig, aber auch anhänglich. Benötigt viel Zuwendung und Aufmerksamkeit.

NORWEGISCHE WALDKATZE Sie gehört zu den Halblanghaarkatzen. Intelligent und aktiv verträgt sie sich sehr gut mit anderen Katzen. Das gesellige Tier schätzt die Aufmerksamkeit und Nähe ihres Menschen, hat aber ihren eigenen Charakter.

BRITISCH KURZHAAR Die Rasse mit den großen runden Augen besitzt ein ruhiges, anschmiegsames Temperament, ist gesellig und zutraulich.

HAUSKATZE Ihr Wesen kann so unterschiedlich sein wie ihre Fellfarben – hier eine sogenannte Glückskatze. Von ruhig bis lebhaft, von anhänglich bis freiheitsliebend sind alle Eigenschaften vertreten.

OCICAT Die aktive Katze braucht viel Zuwendung, spielt gerne und toleriert andere Haustiere. Sie bindet sich meist nur an einen Menschen.

PERSERKATZE Diese im Allgemeinen ruhigen Vertreter ihrer Art lieben menschliche Gesellschaft, sind manchmal aber etwas kapriziös. Das lange Fell mit Unterwolle macht nahezu tägliches Kämmen zur Pflicht.

MAINE COON Sie sind anhänglich und verschmust, benötigen aber auch viel geistige Anregung. Katzenuntypisch ist ihre Vorliebe für Wasser.

Ein gutes Miteinander

So anpassungsfähig unsere Stubentiger auch sind: Damit sie sich in unserer Gesellschaft rundum wohlfühlen, müssen wir über ihre Eigenarten und Vorlieben gut Bescheid wissen. Denn bei einer artgerechten Haltung lassen sich Probleme häufig von vornherein umgehen.

Missverständnissen vorbeugen

Katzen sprechen »kätzisch«, um sich auszudrücken. Wir übersetzen diese Sprache zwar so gut wir können in unsere, aber es kommt dabei immer wieder einmal zu Übersetzungsfehlern. Genauso ergeht es übrigens auch der Katze, wenn sie versucht, die menschliche Sprache in die ihre zu übersetzen. Zum Glück gibt es jedoch ein paar grundsätzliche Regeln, die helfen können, Schwierigkeiten zu vermeiden.

Lassen sich Katzen erziehen?

Damit alle glücklich und zufrieden miteinander leben können, muss sich nicht nur der Mensch, sondern auch das Tier ein wenig anpassen. Nun lässt sich eine Katze nicht so erziehen wie ein Hund. Einige grundsätzliche Verhaltensregeln können und müssen Sie Ihrer Katze jedoch beibringen. Häufig genügt bereits ein scharfes »Nein«, und die Katze versteht, dass sie etwas nicht darf. Die wichtigste Voraussetzung dafür ist Ihre Konsequenz. Keine Katze wird es verstehen, wenn Sie ihr heute etwas erlauben, was Sie ihr morgen verbieten.

Wie der Mensch so das Tier

Wie fast alle Tiere verfügen auch Katzen über den berühmten sechsten Sinn. Sie nehmen Veränderungen in ihrer Umgebung wahr, lange bevor wir selbst davon Notiz nehmen. Deshalb bemerken Katzen auch Stimmungsschwankungen bei ihren Menschen sehr deutlich – oft viel früher als diese selbst. Sind Sie also ungeduldig oder schlecht gelaunt, erstaunt es nicht, dass auch Ihre Katze unruhig wird oder sogar plötzlich faucht. Versuchen Sie daher Ihrer Katze immer möglichst ruhig und entspannt entgegenzutreten. Hektische Bewegungen, laute Stimmen und Aufregung verunsichern die Samtpfoten und lassen sie ebenfalls nervös werden.

Die besten Erziehungs-Strategien

Sie können eine Menge dazu beitragen, dass Ihre Katze lernt, wie Sie sich verhalten sollte, damit das Zusammenleben reibungslos und glücklich verläuft.

Belohnen

Die beste und sicherste Methode, das Verhalten Ihrer Katze in eine gewünschte Richtung zu beeinflussen: Belohnen Sie sie, wenn sie etwas richtig macht. Sie können ihr dazu ein Häppchen von

ihrem Lieblingsfutter geben, sie loben oder ausgiebig streicheln. Benutzt Ihre Katze zum Beispiel sofort den neu gekauften Kratzbaum und kratzt umgehend daran, dann loben und belohnen Sie Mieze ausgiebig. Dadurch entsteht eine positive Verbindung. Ihrer Katze wird dies gefallen – und sie wird es wieder tun. Die Erziehung über Belohnung funktioniert natürlich am wirksamsten, wenn es die Extraaufmerksamkeit nur dann gibt, wenn das Tier etwas richtig gemacht hat.

Rufname Sie wollen Ihrer Katze beibringen, auf ihren Namen zu hören? Dann sprechen Sie sie immer wieder mit ihrem Namen an. Reagiert sie darauf, bekommt sie gleichzeitig eine Belohnung. So wird sie beim nächsten Mal noch schneller kommen, wenn sie ihren Namen hört.

Ignorieren

Katzen haben häufig eine eigene, zugegeben manchmal durchaus penetrante Art, uns ihre Wünsche mitzuteilen. Sie kratzen an der Schlafzimmertür, weil sie es im Bett am gemütlichsten finden oder betteln permanent am Tisch, um doch noch ein Stückchen Wurst oder Fleisch abzubekommen. Dagegen hilft nur eines: Ignorieren – auch wenn es mitunter nervtötend ist. Halten Sie durch. Mieze wird alsbald lernen, dass sie mit ihrem Verhalten keinen Erfolg erzielt und es dann bleiben lassen. Widerstehen Sie allerdings dem Kratzen oder Betteln eine Zeit lang und geben irgendwann doch

Manchmal hilft nur noch ein scharfer Wasserstrahl. Aber Achtung: Lassen Sie sich dabei nicht erwischen.

entnervt auf, lernt Ihre Katze nur eins: »Ich muss nur lange genug kratzen oder betteln, dann bekomme ich, was ich will.« Und Sie können sicher sein: Ihre Katze hat die besseren Nerven.

Bestrafen

Leider lässt sich nicht jedes unerwünschte Verhalten durch reines Ignorieren abstellen. Manchmal müssen Sie Ihrer Katze auf anderem Wege beibringen, dass sie bestimmte Dinge nicht tun darf. Strafe ist jedoch ein sehr heikles Thema. Selbstverständlich ist jede Anwendung von Gewalt tabu. Keine Katze wird verstehen, wenn sie geschlagen wird oder man ihr Schnäuzchen in die Pfütze taucht, die sie, womöglich schon vor längerer Zeit, hinterlassen hat. Rufen Sie sich in so einem Fall ins Gedächtnis, dass ihr Verhalten nichts mit Bosheit zu tun hat und dass Mieze Sie nicht ärgern will. Es sind lediglich Mitteilungen, die den Katzenbesitzer auf Dinge aufmerksam machen sollen, die seinem Tier nicht behagen. Zudem zerstört jede Art von Gewalt das Vertrauensverhältnis zwischen ihnen.

Strafe ohne Täter Was recht gut funktioniert, ist das Prinzip der »Göttlichen Strafe«. Sobald ihre Katze etwas macht, was sie nicht soll – und nur in diesem Moment – zielen Sie kommentarlos mit einer Blumenspritze auf sie oder werfen einen Schlüsselbund in ihre Nähe (nicht auf sie). Folge: Die Katze erschrickt und lässt von ihrem Vorhaben ab; sie lernt, dass »falsches« Verhalten unangenehme Konsequenzen nach sich zieht. Das Ganze funktioniert aber nur, wenn Mieze nicht merkt, woher die Dusche kam oder wer für den Lärm verantwortlich ist. Sie soll ja das unangenehme Erlebnis nicht mit Ihnen in Verbindung bringen. Und genau deshalb wird sie das Verbotene auch dann nicht wiederholen, wenn einmal keiner in der Nähe ist.

Kleines **Katzen-Einmaleins**

TIPPS VON DER
KATZEN-EXPERTIN
Birgit Kieffer

KONSEQUENZ Von dem Tag an, an dem Ihr Kätzchen ins neue Zuhause einzieht, sollten bestimmte Regeln gelten. Bei einem Katzenbaby sieht es noch drollig aus, wenn es unbeholfen und selbstvergessen in der Erde buddelt. Nach einiger Zeit aber wird es Sie sicher sehr stören, wenn sich der komplette Inhalt des Blumentopfs auf dem Fußboden verteilt. Machen Sie Ihrer Katze von Anfang an freundlich, aber bestimmt klar, dass dies nicht erlaubt ist.

FESTE REGELN Ihre Mieze hat sich ins Schlafzimmer geschlichen und verbringt die Nacht im Bett. Am nächsten Abend möchte die Katze sicher wieder mit ins Bett. Sie haben aber einen anstrengenden Tag vor sich und möchten ungestört schlafen. Deshalb soll Mieze draußen bleiben. So etwas kann Ihre Katze nicht verstehen. Wieso ist plötzlich etwas verboten, was gestern doch noch erlaubt war?

KEINE AUSNAHMEN Soll die Katze nichts vom Tisch bekommen, muss sich auch jeder daran halten. Auch hier sind keine Ausnahmen erlaubt. Nur so lernt die Katze, dass Betteln tabu ist.

Das Umfeld der Katze

Ein katzengerechter Haushalt muss in verschiedene Bereiche aufgeteilt sein, um den unterschiedlichen Bedürfnissen der Samtpfoten gerecht zu werden.

Ruhezonen

Viele Katzenbesitzer kaufen ein wunderschönes Körbchen – doch ihr Stubentiger ignoriert es völlig. Vielleicht steht es einfach nicht am richtigen Platz?

Schlafplatz Eine Katze schläft maximal vier Stunden am Tag; während dieser Tiefschlafphase ist sie am angreifbarsten. Deshalb sucht sie sich ein Plätzchen, an dem sie es warm hat und sich geschützt fühlt. Liegt es auch noch erhöht und in Ihrer Nähe: ideal.

Ausruhen Ganz anders sieht es aus, wenn Ihre Katze nur dösen will. Zwar hat sie auch hier die Augen meist ganz oder halb geschlossen, weshalb Dösen häufig mit Schlafen verwechselt wird. Die Katze registriert aber genau, was um sie herum passiert. Sie können das gut daran erkennen, dass sie ihre Ohren häufig bewegt, sobald von irgendwoher ein Geräusch zu hören ist. Zum Dösen eignet sich ein Fleckchen am Boden ebenso wie die Fensterbank – am besten, wenn gerade die Sonne scheint.

Spielzone

Einen wichtigen Stellenwert in Miezes Leben nimmt das Spielen ein: um Energie abzubauen, Fertigkeiten zu erproben und Langeweile zu entgehen. Die ideale Spielzone sollte sich daher ebenso gut zum Klettern und Herumtoben eignen wie zum Versteckenspielen und Angeln. Natürlich gehört in eine Spielzone auch Spielzeug (→ Seite 27).

Kratzbaum Ein spezieller Kratzbaum ist eines der wichtigsten Möbelstücke in dieser Spielzone. Er sollte deshalb an einem zentralen Ort stehen, von dem aus Mieze entweder einen guten Blick in verschiedene Zimmer hat oder aber aus dem Fenster schauen kann. Ein Kratzbaum in einer dunklen Zimmerecke animiert weder zum Kratzen noch möchte sich Ihre Katze darauf aufhalten.

Beobachtungsplatz

Neben dem Schlafen und Spielen ist eine der Hauptbeschäftigungen unserer Hauskatzen das Beobachten. Es vertreibt Mieze nicht nur die Zeit, sondern fördert auch ihre Konzentrationsfähigkeit. Der Beobachtungsplatz im Haus befindet sich meist am Fenster oder an einer Glastüre. Im Garten wird sich Ihre Katze ein überdachtes Plätzchen suchen.

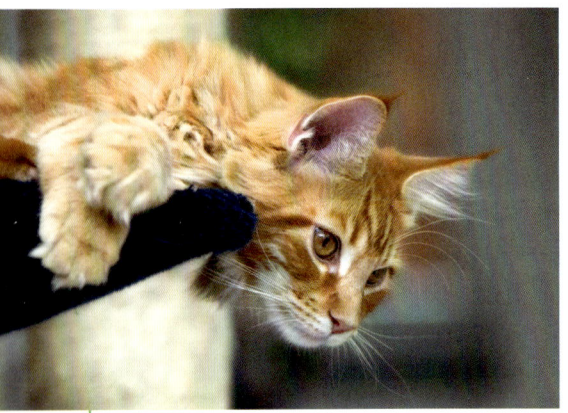

Ein schöner, warmer Platz, ungestört und mit guter Aussicht – so fühlt sich die Katze wohl. Hier lässt es sich entspannen und neue Energien tanken.

Alles, was Mieze für ein glückliches Katzenleben braucht: Neben getrenntem Futter- und Toilettenplatz sind das viele Spiel-, Kratz- und Klettergelegenheiten und Orte zum Beobachten und Verstecken. Ein Fenster mit Aussicht sowie natürlich reichlich Liebe und Zuwendung machen das Glück komplett.

Futterplatz

Katzen sind sehr reinliche Tiere, deshalb sollte der Futterplatz immer sauber sein. Für das Futter selbst sind flache Porzellanschüsselchen gut geeignet. Sie sind leicht zu reinigen, und wegen des niedrigen Rands stößt die Katze nicht mit den Schnurrhaaren an. Da viele Katzen gerne mit dem Futter spielen, kann es sein, dass die Katze ihr Futter badet und eine mittlere Überschwemmung verursacht, wenn der Wassernapf direkt neben dem Futternapf steht.

Der Abstand sollte daher mindestens einen Meter betragen. Ganz wichtig: Vermeiden Sie auf jeden Fall, Fress- und Wassernapf direkt neben der Katzentoilette aufzustellen.

Toilette

Steht das Katzenklo in einem Raum mit regem »Durchgangsverkehr«, wird sie häufig nur ungern oder womöglich auch gar nicht benutzt. Es kann sich also gerne an einer abgelegenen Stelle befinden.

Das brauchen Katzen

Wildlebende Katzen sind völlig auf sich gestellt. Um überleben zu können, müssen sie sich von der Jagd nach Futter über die Revierverteidigung bis hin zur Fortpflanzung um alles selbst kümmern. Katzen, die bei uns im Haus wohnen, müssen sich diesem täglichen Überlebenskampf nicht mehr stellen. Sie werden von uns gefüttert, die Größe des Reviers regelt sich meist von selbst und sogar bei der Fortpflanzung greift der Mensch ein. Für Mieze bedeutet dies ein wesentlich stressfreieres, ruhigeres Leben. Doch das sorgenfreie Dasein hat auch seinen Preis. Durch die Sicherheit der Wohnung sind unsere Stubentiger nicht mehr in der Lage, eigenständig soziale Kontakte zu pflegen. Sie können sich nicht mehr selbst mit Nahrung versorgen, und mangelnde geistige Herausforderung lässt sie träge werden. Also ist wieder der Mensch gefragt: Er übernimmt die »Mutterrolle« und versorgt die Katze mit allem, was sie braucht. Viele Hauskatzen behalten so ihr Leben lang kindliche Verhaltensweisen bei.

> Liegt die Katze auf dem Rücken, zeigt sie deutlich, dass es ihr gefällt und dass sie sich wohl- und sicher fühlt. Ein Bild, das auch auf uns Menschen beruhigend und entspannend wirkt.

5 Regeln für ein erfülltes Katzenleben

Als Halter müssen Sie die grundlegenden Bedürfnisse Ihrer Katze möglichst artgerecht befriedigen:

Essen und Trinken Da unsere Wohnungskatzen in der Regel nicht mehr (oder zumindest nicht mehr oft genug) jagen können, ist es die Aufgabe ihrer Besitzer, für eine ausgewogene Ernährung zu sorgen. Die Zubereitung von Frischfutter ist jedoch sehr aufwendig, denn Sie müssen sicherstellen, dass alle nötigen Inhaltsstoffe in den entsprechenden Mengen enthalten sind. Wesentlich einfacher ist der Griff zur Dose oder zum Trockenfutter, das von den meisten Katzen gerne gefressen wird. Egal, was Ihr Liebling frisst, er sollte auf jeden Fall immer genug frisches Wasser zur Verfügung haben. Milch ist kein geeignetes Getränk für erwachsene Katzen.

Katzentoilette In Hinsicht auf ihre Toilette hat jede Katze eigene Wünsche. Haben Sie einmal Klo und Einstreu gefunden, das Ihnen und Ihrer Katze zusagt, bleiben Sie dabei. Katzen mögen keine Experimente.

Spielen Für ein glückliches Katzenleben muss Mieze ihren Spieltrieb ausleben können (→ Seite 27).

Pflege Eine gesunde Katze erkennen Sie am glatten, glänzenden Fell, den klaren Augen und einem neugierigen, lebhaften Wesen. Katzen beschäftigen sich intensiv mit ihrer Fellpflege; manche Rassen brauchen dabei aber Ihre Unterstützung.

Soziale Kontakte Obwohl Katzen als Einzelgänger gelten, brauchen sie den Kontakt zu anderen Lebewesen. Katzen mit Freigang kennen alle Katzen in der Nachbarschaft, mit einigen schließen sie sogar Freundschaft. Bleibt Mieze immer in der Wohnung, vermitteln ihr tägliche Schmusestunden und Streicheleinheiten ein Gefühl von Geborgenheit und Sicherheit. Und auch ein tierischer Freund kann großen Einfluss auf Miezes Wohlbefinden haben.

Gefahrenquellen im Haushalt

HIER MÜSSEN SIE AUFPASSEN

KIPPFENSTER	Katzen bleiben beim Versuch, durch den Spalt zu klettern, stecken und verenden jämmerlich.
BALKON	Vor Abstürzen sichern.
ZIMMERPFLANZEN	Viele Pflanzen sind giftig oder können gar zum Tod führen, wenn Ihre Katze sie frisst. Informieren Sie sich (→ Seite 62).
STROMKABEL	Verlegen Sie Kabel verdeckt oder sprühen Sie sie mit unangenehm riechenden Düften ein; sie werden sonst von Katzenkindern gern angeknabbert.
HITZEQUELLEN	Öfen und Herde absichern, damit sich die Katze nicht die Pfoten verbrennt.
CHEMIKALIEN	Putzmittel und Co. wegsperren; schon der bloße Hautkontakt kann gefährlich sein.
PLASTIKTÜTEN	Schlüpft die Katze hinein, kann sie darin ersticken.
WASCHMASCHINE	Sie muss ebenso wie Trockner und Spülmaschine geschlossen bleiben, damit Mieze nicht unbemerkt hineinklettert.
BAD	Geöffnete Toilettendeckel und gefüllte Wannen sind für Katzenkinder gefährlich; sie können hineinfallen und ertrinken.
ESSENSRESTE	Lassen Sie nichts stehen; viele Speisen sind für Katzen unverträglich oder sogar giftig.

Wenn die Katze älter wird

Die Ansprüche Ihrer Katze verändern sich, wenn sie älter wird. Damit es deshalb nicht zu Problemen kommt, ist es wichtig, die Bedürfnisse der grauen Tiger genau zu kennen. Ab dem achten oder neunten Lebensjahr gelten Katzen als Senioren. Der Alterungsprozess verläuft dabei langsam und nicht selten unbemerkt; schließlich zeigen sich keine sichtbaren körperlichen Anzeichen, wie Falten oder graue Haare. Trotzdem verändert sich Ihr Stubentiger – und darauf sollten Sie Rücksicht nehmen. Dann kann eine gesunde, gepflegte Katze 20 Jahre und sogar noch älter werden.

Kennen Sie das **Alter Ihrer Katze**?

KATZENALTER IM VERGLEICH ZU MENSCHENALTER

KATZE	MENSCH
1 Monat	6 Monate
3 Monate	4 Jahre
6 Monate	10 Jahre
8 Monate	15 Jahre
1 Jahr	18 Jahre
2 Jahre	24 Jahre
4 Jahre	35 Jahre
6 Jahre	42 Jahre
8 Jahre	50 Jahre
10 Jahre	60 Jahre
12 Jahre	70 Jahre
14 Jahre	80 Jahre
16 Jahre	84 Jahre

Was das Alter mit sich bringt

› Wird Mieze älter, verlangsamt sich ihr Stoffwechsel und damit auch ihr Nährstoffbedarf. Das Futter darf nicht mehr so viele Kalorien und Kohlenhydrate beinhalten. Für Katzensenioren gibt es spezielles Futter, das den neuen Bedürfnissen angepasst ist.

› Die Zähne werden schlechter und fallen aus. Viele Hauskatzen haben zudem mit Zahnstein zu kämpfen. Nehmen Sie bei der Wahl des Futters darauf Rücksicht: Weiches Dosenfutter oder kleine, eingeweichte Trockenfutter-Stückchen kann Ihre Katze auch mit den verbliebenen Zähnen noch gut zerkleinern. Zu feste oder große Stücke schluckt sie im Ganzen, was zu Magenbeschwerden führen kann.

› Der Geruchsinn lässt nach. Die Katze kann ihr Futter häufig nicht mehr »erschnuppern«. Streuen Sie ein wenig Haferflocken oder zerbröselte Leckerli über das Futter. Sie riechen intensiver.

› Der Gehörsinn wird schwächer, manchmal werden alte Katzen sogar ganz taub. Im Haus kommen taube Katzen recht gut zurecht. Das fehlende Gehör kann gut durch andere Sinnesorgane, wie Augen und Schnurrhaare, kompensiert werden. Im Freien besteht jedoch Gefahr, weil sie zum Beispiel sich nähernde Autos nicht mehr hören kann. Reagiert Ihre Katze nicht mehr auf Geräusche, zeigen Sie ihr durch Handzeichen, was Sie von ihr möchten. Es wird zwar dauern, bis Ihre Katze verstanden hat, was die Gesten bedeuten, aber sie wird es lernen.

› Die Augen werden schlechter, vielleicht erblindet Ihre Katze sogar völlig. Wie Taubheit ist auch Blindheit im Haus kein großes Handicap; die Schnurrhaare können jeden Luftzug spüren. Sprechen Sie Ihre blinde Katze immer an, ehe Sie sie berühren,

Ältere Katzen haben einen höheren Schlaf- und Ruhebedarf, sie brauchen keine Aufregungen mehr. Ein sicherer Platz ist jetzt noch wichtiger.

Im Alter wird jede Bewegung mühsamer. Hier kann der Mensch helfen, dass die Katze trotzdem noch bequem ihre geliebten Plätze erreichen kann.

damit sie nicht erschrickt. Ganz wichtig: Eine blinde Katze darf keinen Freilauf haben.

› Arthrose, Arthritis und Rheuma können die Beweglichkeit einschränken; manche Lieblingsplätze werden plötzlich unerreichbar. Bauen Sie Ihrer Katze »Treppen«, damit sie sie weiterhin mühelos erreicht.

› All dies sind sichere Anzeichen, dass Ihre Katze älter wird: Reagiert sie nicht mehr, wenn Sie sie ansprechen? Fixiert sie Stuhl oder Couch länger, bis sie sich traut hinaufzuspringen? Findet sie ihr Spielzeug erst, wenn sie direkt davor steht?

Katzensenioren brauchen Ruhe

› Nicht nur die körperlichen Fähigkeiten schwinden, auch die geistigen Fähigkeiten können nachlassen. Im Extremfall ist Ihr Senior so verwirrt, dass er seine Toilette nicht mehr findet. Schimpfen Sie nicht, wenn ein Malheur passiert. Putzen Sie es auf und gehen Sie zur gewohnten Tagesordnung über.

› Der Charakter alter Katzen verändert sich ebenfalls. Sie werden ruhiger, oft auch schmusebedürf-

tiger; sie reagieren empfindlicher auf Veränderungen. Jetzt ist es besonders wichtig, lieb gewonnene Gewohnheiten beizubehalten. Ein kontinuierlicher Tagesablauf vermittelt Sicherheit und hilft, schwindende körperliche Fähigkeiten auszugleichen.

› Ältere Katzen haben ein verstärktes Ruhebedürfnis: Sie dösen mehr, der Bewegungsdrang nimmt ab, und die Spielphasen werden kürzer. Schaffen Sie Ihrer Katze vermehrt Rückzugsmöglichkeiten.

Gesellschaft gefällig?

Wenn zwei Samtpfoten gemeinsam älter geworden sind und eine der beiden stirbt, trauert die andere. Oft liegt dann der Gedanke nahe, eine neue zweite Katze ins Haus zu holen. Doch der Katzensenior fühlt sich von lebhaftem Neuzugang häufig bedrängt und überfordert. Eine ideale Lösung: Nehmen Sie gleich zwei etwa gleich alte jüngere Kätzchen, die miteinander spielen und toben können. So wird die alte Katze nicht gefordert; sie kann das Treiben beobachten und fühlt sich nicht einsam.

So vermeiden Sie Langeweile

Ein Leben wie im Schlaraffenland – die Hauskatze muss nicht mehr jagen, das Fressen wird in mundgerechten Stückchen serviert, es steht genug Wasser zur Verfügung und einen schönen warmen Platz zum Schlafen gibt es auch noch. Allem Anschein nach ein traumhaftes Leben. Wer genauer hinsieht, erkennt jedoch auch die Kehrseite der Medaille: Gähnende Langeweile – und gerade die ist Ursache für viele Probleme zwischen Katze und Mensch. Dabei ist es doch ganz einfach. Spielen ist das beste Mittel gegen das tägliche Einerlei.

Es gibt verschiedene Spielzeuge, die das Interesse Ihrer Katze erwecken können: Da sind zum einen kleine Spielbälle und Stoffmäuse, die sie durch die Luft werfen können. Mit Katzenminze oder Baldrian gefüllte Stoffbeutelchen oder Spielmäuse sollen den Spieltrieb durch den Geruch animieren. Manche Spielsachen klappern oder klingeln leise. Im Fachhandel gibt es eine schier unerschöpfliche Auswahl an Bällen, Fellmäusen und anderen kleinen Dingen, die Ihrem vierbeinigen Liebling die Langeweile vertreiben sollen.

Für interessante Übungen benötigen Sie keine komplizierten Geräte. Auch Möbelstücke lassen sich zu Turngeräten umfunktionieren.

Selbst gemacht

Gutes Spielzeug muss aber nicht viel Geld kosten. Viele Alltagsgegenstände eignen sich vorzüglich zum Toben; Ihrer Fantasie sind fast keine Grenzen gesetzt. Vermeiden Sie aber alles, was für die Katze gefährlich werden könnte, wie Gummiringe, kleine Perlen (Gefahr des Verschluckens), Gummibänder, Fäden, Schnüre (können würgen), Geschenkbändchen (schneiden ins Zahnfleisch, wenn die Katze darauf herumkaut) und Plastiktüten oder -verpackungen (Erstickungsgefahr).

Such mal Viele Katzen sind überglücklich über einen Pappkarton. Noch interessanter ist er, wenn Sie kleine Löcher hineinschneiden und Leckerli darin verstecken. Papiertüten vom letzten Einkauf werden genau untersucht und vielleicht zerfetzt.

Fang mich Zusammengeknüllte Zeitungsseiten können wunderbar durchs Zimmer geschubst werden. Das Innere einer Toilettenpapierrolle kullert prima über den Boden. Werfen Sie ruhig auch einmal einen Sektkorken. Ihre Katze wird begeistert sein; durch die spezielle Form rollt er nicht gerade aus und fordert Mieze zu Höchstleistungen heraus.

Schnapp mich Großer Beliebtheit erfreuen sich auch Angel- und Wippspiele. Durch die schnellen Bewegungen wird der Jagdinstinkt geweckt, und die Reflexe werden geschult. Als Material eignen sich Bälle, Federn, Leder- und Stoffbändchen.

Mit einem kleinen Leckerli als Belohnung wird die Übung noch viel attraktiver, und die Katze ist umso motivierter.

Hör mal Geräusche erwecken Miezes Aufmerksamkeit. Eine mit Reis gefüllte Filmdose, Tischtennisbälle oder Walnüsse klappern interessant.

Wasser marsch Auch wenn Katzen als wasserscheu gelten: Stellen Sie einfach mal eine Wasserschale auf. Jetzt braucht es nur noch ein paar Trauben, und Mieze wird begeistert danach angeln.

Die Ruhe nach dem Sturm

Neben dem aktiven Spiel ist die passive Beobachtungsphase für die Katze wichtiger Bestandteil des Tagesablaufs. Dabei sitzt Mieze meist ganz ruhig an einem Platz und konzentriert sich auf das Geschehen um sich herum. Lassen Sie Ihrer Katze diese Auszeiten – sie braucht sie, um neue Kraft zu schöpfen.

Das Clicker-Training

Fähigkeiten, die nicht gefördert werden, lassen im Laufe der Zeit immer mehr nach. Das betrifft nicht nur körperliche Fertigkeiten, auch der Geist muss trainiert werden. Eine wunderbare Möglichkeit, sich mit der Katze zu beschäftigen, ihr ohne Druck und Zwang Verhaltensweisen beizubringen und gleichzeitig ihre Konzentration und die soziale Bindung zu Ihnen zu fördern, ist das Clicker-Training.

Was ist Clickern?

Ist Ihnen das auch schon einmal aufgefallen: Kaum öffnen Sie den Schrank, in dem Sie das Katzenfutter aufbewahren, kommt Mieze auch schon angelaufen. Oder sie steht an der Haustür, sobald sie Ihr Auto hört. Beide Verhaltensweisen sind Lernvorgänge und werden in der Psychologie als klassische Konditionierungen bezeichnet. Die Katze verknüpft Reize, die nichts miteinander zu tun haben: Zunächst haben weder Schranktür noch Auto eine Bedeutung

für die Katze. Sie waren nicht mit »Endlich gibt es Futter« oder »Hurra, mein Mensch kommt nach Hause« verknüpft. Erst mit der Zeit lernte Mieze, dass zwischen beiden ein Zusammenhang besteht. Genauso funktioniert das Clickern. Sie verwenden ein Geräusch, das die Katze bis jetzt noch nicht kennt; sie verbindet mit ihm keinerlei Erinnerungen. Erst durch Belohnen verbindet sie das Geräusch des Clickers mit positiven Empfindungen. Die Katze lernt: Immer, wenn es clickt, gibt es eine Belohnung.

Das brauchen Sie zum Clickern

Um mit dem Training zu beginnen, benötigen Sie einen Clicker – eine Art Knackfrosch mit einem Metallplättchen, das beim Drücken ein kurzes, klickendes Geräusch macht (Zoofachhandel). Als Belohnung eignen sich Leckerli, die so klein sind, dass die Katze sie auf einmal schlucken kann. Ist das Stück zu groß, muss sie darauf herumkauen und kann sich nicht mehr konzentrieren.

Erste Lernphase: Verknüpfungslernen Beim klassischen Konditionieren halten Sie Ihrer Katze das Leckerli vors Schnäuzchen. Sobald sie es im Maul hat, clicken Sie – noch bevor sie es hinunterschluckt. Das Ganze wiederholen Sie pro Übungseinheit etwa 10-mal. Geht die Katze vorher weg, beenden Sie die Übung. Nach etwa fünf Übungseinheiten hat Mieze verstanden, dass »Click« eine Belohnung bedeutet.

Es braucht nicht viel, damit eine Katze so hingebungsvoll spielt. Schon ein kleiner Fellball genügt.

Der richtige Zeitpunkt Das Timing entscheidet über den Erfolg: Erhält die Katze die Belohnung vor dem Click, stellt sie keine Verbindung zwischen Geräusch und Leckerli her. Auch wenn es zu lange dauert, bis die Belohnung kommt, verbindet sie Clicken und Fressen nicht. Im Idealfall vergehen höchstens zwei Sekunden; das entspricht etwa der Zeit, die Mieze braucht, um das Leckerli zu schlucken.

Erste Anwendung: Katze »rufen« Ihre Katze weiß bereits, dass sie eine Belohnung bekommt, wenn es klickt: Clicken Sie und rufen Sie innerhalb der nächsten zwei Sekunden ihren Namen. Kommt die Katze, gibt es eine Belohnung. Wiederholen Sie die Übung je etwa 10-mal. Nach rund fünf Einheiten weiß die Katze, wie sie heißt. Rufen Sie nun, ohne zu clicken. Kommt sie, gibt es ein Leckerli.

1 KLASSISCHES KONDITIONIEREN Für die Katze bedeutet das Geräusch des Clickers noch nichts, sie verbindet keine Empfindungen mit dem Ton. Geben Sie jetzt Ihrer Katze ein Leckerli, und clicken Sie gleichzeitig. Wiederholen Sie die Übung rund 10-mal. Bereits nach einigen Tagen verbindet sie das Geräusch mit dem Leckerli. Wenn es klickt, erwartet die Katze jetzt eine Belohnung.

2 AUFBAU DER ÜBUNG Da Sie einer Katze nicht mit Worten erklären können, was Sie von ihr möchten, müssen Sie jede Übung in kleine Schritte unterteilen. Zuerst halten Sie einen Finger auf Augenhöhe vor die Katze. Reckt sie sich und geht mit der Nase daran, wird geclickt, und die Katze bekommt ihre Belohnung. Die Übung einige Tage wiederholen – etwa 10-mal pro Übungseinheit.

3 STEIGERUNG Weiß die Katze jetzt, dass sie mit der Nase an den Finger stupsen muss, um eine Leckerli zu bekommen, können Sie den Schwierigkeitsgrad langsam steigern. Halten Sie den Finger höher, damit sich Ihr Tier hochstrecken muss, um daran zu kommen. So können Sie die Anforderungen langsam und Schritt für Schritt erhöhen, bis die Katze schließlich Männchen macht.

Mehr als Spielen

Neben dem Clicker-Training gibt es eine Vielzahl von Möglichkeiten, die besonderen Begabungen der Katze zu unterstützen. Und das ist gut, denn auch wenn eine Katze den größten Teil des Tages mit Dösen verbringt: In der restlichen Zeit möchte sie nur zu gern ihre geistigen und körperlichen Fähigkeiten trainieren. Durch Spielen und Jagen schärft sie ihre Sinne, tobt sich aus und vertreibt sich die Zeit. Sie können Ihren Liebling dabei unterstützen, indem Sie den natürlichen Spieltrieb nützen und Mieze kleine Aufgaben stellen.

Vor allem Katzenkinder brauchen Spielmöglichkeiten, um sich zu gesunden, fitten Tieren entwickeln zu können. Erwachsene Katzen spielen oft nicht mehr so häufig. Ihre täglichen »fünf wilden Minuten«, in denen sie herumspringen und -tollen, behalten aber auch sie meist bis ins hohe Alter bei.

Nur keine Langeweile

Eine Katze, deren Tagesablauf von verschiedenen Tätigkeiten geprägt ist und die sich regelmäßig körperlich und geistig austoben kann, ist ausgeglichen und zufrieden. Viele Probleme und Problemchen mit diesen sensiblen Tieren könnten von vornherein vermieden werden, wenn genügend Anregungen für die Katze vorhanden sind.

Klettern Spezielle Kletterseile, die am Kratzbaum angebracht werden und beim Erklimmen hin und her schwingen, fördern den Gleichgewichtssinn und die Geschicklichkeit.

Versteckspiele Für Mieze immer wieder neu und aufregend: Verstecken Sie Trockenfutter an verschiedenen Stellen der Wohnung, das sie suchen muss. In der freien Natur sitzt ja auch keine Maus

Eines der liebsten Spiele: Jagen. Hat die Katze ihre Beute erst einmal fest in den Pfoten, lässt sie sie nicht mehr so schnell los.

Katzen-**Spielregeln**

SPIELZEITEN Spielen Sie möglichst mindestens zweimal am Tag 10–15 Minuten intensiv gemeinsam. Lassen Sie Ihre Katze dabei immer gewinnen; sie verliert sonst die Lust.

SPIELSACHEN Als Spiel eignet sich alles, wobei die Katze fangen und rennen muss oder ihre Geschicklichkeit zeigen kann. Das Spielzeug muss klein genug sein, um es in die Luft zu schleudern. Hände und Füße sind tabu.

SPIELWECHSEL Bieten Sie nur wenig Spielzeug auf einmal an und tauschen es dafür öfter aus.

SPIELPAUSEN Respektieren Sie die Ruhephasen Ihrer Katze. Und auch ein voller Bauch tobt nur ungern; am besten vor dem Fressen spielen.

vor ihrem Mauseloch und ruft »Friss mich«. Je nach Temperament und Flexibilität Ihrer Katze können Sie die Verstecke mehr oder weniger oft wechseln. Ist Ihre Katze richtig schlau, können Sie die Aufgaben natürlich noch schwieriger gestalten. Verstecken Sie das Futter unter einem Deckel oder einem Tuch. Ihr Liebling muss dann erst die Abdeckung entfernen, ehe er an die begehrte Beute kommt.

Abwechslung Um die Aufmerksamkeit Ihrer Katze auf Dauer zu fesseln, ist es wichtig, die Spiele möglichst abwechslungsreich zu gestalten. Nur so kommt keine Langeweile auf. Verstecken Sie zum Beispiel Holz- oder Plüschwürfel mit einem Loch, in das Sie vorher ein Leckerli geben. Oder bauen Sie einen kleinen Hindernisparcours aus Schachteln, selbst gebastelten Rampen und Leitern, Reifen und Raschel-Tunneln. Ermutigen Sie Ihren Stubentiger mithilfe von Leckerli oder einem geliebten Spielzeug, einen bestimmten Weg zu gehen.

Augenschmaus Katzen haben zwar einen ausgezeichneten Geruchssinn, aber auch das Auge isst mit. Deshalb ist ein Spielzeug, bei dem Mieze das Futter zwar sehen kann, sie sich aber anstrengen muss, um daran zu kommen, eine ideale Beschäftigungsmöglichkeit. Praktisch ist spezielles Spielzeug aus Plexiglas: Die Katze kann den Leckerbissen darin zwar sehen und riechen, sie muss die Beute aber erst einmal herausfischen. Variante: Stellen Sie Ihrer Katze einen mit Heu gefüllten Korb oder eine Tonschale mit frischem Gras hin und verstecken Sie darin ein Leckerli. Das Spiel ist ein Fest für die kätzischen Sinne.

Hier muss sich die Katze richtig anstrengen, um an das Leckerli zu kommen. Umso größer aber ist das Erfolgserlebnis, wenn sie es endlich geschafft hat.

Nie mehr allein?

Einsamkeit ist die häufigste Ursache für Langeweile bei Katzen. Ist ein Tier den ganzen Tag alleine, sind geistige Anregungen und Abwechslung das Mindeste, was es braucht, um sich wohlzufühlen. Feste Spielzeiten sind daher ein Muss. Sind Sie den ganzen Tag berufstätig und häufig auch abends und am Wochenende außer Haus, sollten Sie sich überlegen, ob Sie nicht einen Spielkameraden für Ihre Katze anschaffen. Der Aufwand, den eine zweite Katze bedeutet, ist für Sie minimal, der Gewinn für Ihre Katze unermesslich.

Verstehen Sie Ihre Katze?

Die Körpersprache ist eine der wichtigsten Mitteilungsformen, die einer Katze zur Verfügung stehen. Nicht nur zwischen Katzen, auch bei der Kommunikation mit dem Menschen ist sie ein unverzichtbarer Bestandteil: Anhand ihrer Körperhaltung können Sie die momentane Stimmung einer Katze erkennen und sich darauf einstellen.

1 Übersprungshandlung

Die Katze setzt sich beim Laufen plötzlich hin und fängt an, sich zu schlecken. Erst dann geht es weiter. **Bedeutung** Entweder hat sie gerade etwas angestellt oder irgendetwas hat sie irritiert. Vielleicht weiß sie auch nicht mehr, was sie gerade tun wollte. Die Katze ist verunsichert und weiß nicht genau, wie sie eine Situation einschätzen soll. Deshalb putzt sie sich erst einmal und denkt nach.

2 Wohlgefühl

Mieze räkelt sich wohlig auf dem Rücken, die Augen geschlossen, alle Pfoten von sich gestreckt. **Bedeutung** Zeigt sich Ihre Katze in einer so verletzbaren Position, vertraut sie Ihnen. Vermeiden Sie es jetzt, sie durch schnelle Bewegungen oder laute Geräusche zu erschrecken.

3 Anspannung

Die Ohren sind gespitzt, die Schnurrhaare nach vorn gerichtet, der ganze Körper sprungbereit gespannt. **Bedeutung** Irgendetwas hat die Aufmerksamkeit Ihrer Katze erregt. Vielleicht ist es ein Blatt, das sich bewegt, vielleicht raschelt eine Maus im Gras oder ein Bändchen weht im Wind. Auf jeden Fall steht eine Attacke kurz bevor.

4 Freundlich

Die Ohren zeigen entspannt nach vorn, die Schnurrhaare hängen leicht, und der Schwanz ist ruhig. **Bedeutung** Normalerweise sind Katzen freundlich gestimmt. Der offene Blick signalisiert Interesse, ohne dass sich die Katze sofort in Bewegung setzt. Sie wartet erst einmal ab und beobachtet.

5 Angst

Die Katze kauert sich in eine Ecke, hat die Ohren angelegt und versteckt die Beine unter dem Körper. **Bedeutung** Das Tier hat Angst und versucht sich möglichst klein zu machen. Bedrängen Sie in so einer Situation die Katze nicht. Warten Sie ab, bis sie sich beruhigt hat und von alleine herauswagt.

6 Aufforderung

Ihre Katze kommt mit hoch erhobenem Schwanz auf Sie zu. **Bedeutung** Mieze ist freundlich, aber fordernd gestimmt. Meist möchte sie etwas haben – vielleicht ein Leckerli oder Streicheleinheiten?

Der **richtige Blick**

MIT GESPÜR Viele Menschen interpretieren die Körpersprache der Katzen richtig, auch ohne großes Wissen über diese feinsinnigen Tiere. Allerdings kommt es mitunter zu Missverständnissen, wenn sich die Signale, die Mieze aussendet, ändern, und wir nichts davon merken. Wie leicht entsteht dann der Eindruck, die Katze sei »falsch« und anscheinend unberechenbar.

Störendes Verhalten

Katzen können sich nicht mit Worten ausdrücken. Wenn sie ein körperliches oder seelisches Problem haben, machen sie durch Gesten und Handlungen auf sich aufmerksam. Es liegt an uns Menschen, herauszufinden, was uns unsere Katze sagen will.

Warum verändert sich eine Katze?

Es kommt gar nicht so selten vor, dass wir jahrelang in absoluter Harmonie mit einer Katze leben. Plötzlich aber hinterlässt der Stubentiger »Pfützen« in der Ecke oder benutzt die neue Couch als Kratzbaum. Vielleicht gehörte die Katze bisher auch zu den ruhigen Vertreterinnen ihrer Gattung, während sie jetzt die halbe Nacht jämmerlich schreit und miaut. Verständlich, dass man sich über die neuen Unsitten ärgert und seine Katze vielleicht sogar schimpft; nur leider löst sich das Problem so nicht.

Jetzt ist Ursachenforschung gefragt

Benimmt sich auch Ihre Katze ohne ersichtlichen Grund plötzlich nicht mehr so, wie Sie es gewohnt sind? Dann sollten Sie als Erstes überprüfen, ob körperliche Probleme für das unerwünschte Verhalten verantwortlich sind. Hat die Katze beispielsweise eine Blasenentzündung und leidet deshalb unter permanentem Harndrang, ist es nicht verwunderlich, dass sie die ein oder andere Pfütze hinterlässt. Gehen Sie also zunächst einmal zum Tierarzt. Ist sie tatsächlich krank, sollte sich Ihre Katze nach der entsprechenden Behandlung bald wieder so wohlerzogen benehmen wie zuvor.

Lassen sich physische Gründe ausschließen? Dann hat sich womöglich irgendetwas im Leben der Katze verändert. Hat Ihre Familie Zuwachs bekommen oder ist jemand ausgezogen? Sind Sie zurzeit beruflich stark eingespannt und haben wenig Zeit für Ihren Liebling? Haben Sie neue, fremd riechende Möbel gekauft? Es gibt viele Ursachen, die eine Katze als bedrohlich empfinden kann und die sie dazu veranlassen, ihren Unmut zu zeigen. Manchmal erfordert es ein wenig Detektivarbeit, um die Gründe zu erforschen. Eine zufriedene, gesunde Katze wird es Ihnen jedoch danken.

Plötzliche Unsauberkeit

Besonders unangenehm ist es, wenn die Katze nicht ihre Toilette benutzt, sondern in der Wohnung uriniert – was verschiedene Ursachen haben kann.

Die Toilette passt nicht

Fallbeispiel Minni, eine 2-jährige Hauskatze lebt mit ihrem Herrchen in einer schönen, katzengerechten Wohnung. Alles schien auf ihre Bedürfnisse eingerichtet zu sein: viel Platz zum Spielen und

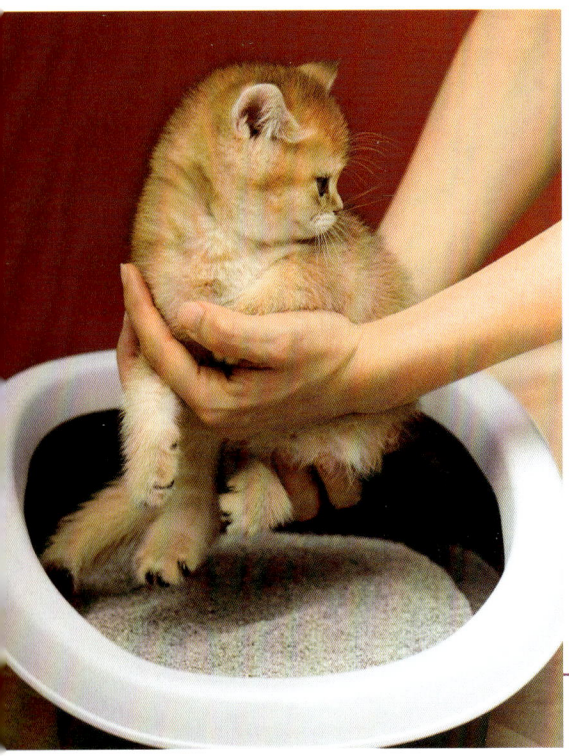

Toben, ein großer Kratzbaum mit Aussicht, eine Rückzugs- und Schlafgelegenheit und die Toilette, in der extra dafür ausgeräumten Abstellkammer. Trotzdem verweigerte Minni den Gang zur Toilette und urinierte auf den Gang, neben die Türe zur Abstellkammer.

Erklärung Die Toilette steht, auf den ersten Blick ideal – an einem Ort, an dem Minni ungestört ist. Die Abstellkammer hat jedoch kein Fenster und keinerlei sonstige Belüftung, daher können Gerüche nicht abziehen. Trotz häufigen Reinigens der Toilette hält sich der Uringeruch hartnäckig. Minni stank ihre Toilette im wahrsten Sinne des Wortes.

Lösung Um einer Katze zu gefallen, muss eine Toilette nicht nur sauber sein, sie muss für das Tier auch ansprechend riechen. Nicht nur Urin, auch andere Düfte können für Katzen unangenehm sein – sie meiden dann die Toilette. Es gibt zum Beispiel im Zoofachhandel »duftendes« Katzenstreu. Das riecht für uns Menschen zwar meist recht gut, Katzen empfinden den Geruch aber häufig als unangenehm. Minnis Katzenklo kommt von nun an ins Bad. Dort gibt es ein Fenster, der Raum ist also gut belüftet. Dann benutzt Minni ihre Toilette sicher wieder regelmäßig und uriniert nicht mehr auf den Gang.

Begleitende Maßnahmen Unterstützen Sie Ihre Katze durch die Bach-Blüten Mimulus und Beech und durch Aromen wie Kardamom oder Neroli (→ Kasten Seite 42 und 47).

Ein kleines Kätzchen muss erst noch lernen, dass es die Katzentoilette benutzen soll.

Schlechte Erfahrung auf der Toilette

Fallbeispiel Lucky, ein 8-jähriger Karthäuser-Kater, und Momo, eine 2-jährige Norwegische Waldkatze, leben mit ihren Menschen in einem großen Haus. Lucky ist ein ruhiger Vertreter seiner Rasse, Momo ist lebhaft und will den Kater immer wieder zum Spielen auffordern. Der möchte jedoch hin und wieder auch seine Ruhe haben. Seit einiger Zeit setzt er sein großes Geschäft nicht mehr in der Katzentoilette ab.

Erklärung Momo ist jung und lebhaft. Sie lauert Lucky immer wieder auf, versucht ihn zu attackieren und ihn dadurch zum Spielen aufzufordern. Sie liegt zum Beispiel hinter der Couch oder der Tür und springt den Kater an, wenn er vorbeiläuft. Eine solche Attacke erfolgte auch einmal, als Lucky auf der Katzentoilette gerade sein großes Geschäft verrichten wollte. Momo saß auf der Abdeckung der Toilette und griff Lucky spielerisch an; der erschrak sehr. Seit dieser Zeit verbindet der Kater Ort und Bedürfnis mit dem Überfall. Um weitere Angriffe zu vermeiden, benutzt er die Toilette nicht mehr für sein großes Geschäft.

Lösung Auf der Toilette möchte eine Katze ungestört sein; beim Verrichten ihrer Geschäfte ist sie nicht in der Lage, sich zu verteidigen. Momo hat Lucky in einer solchen hilflosen Situation erwischt. Um die Situation zu entspannen, wird übergangsweise eine Toilette ohne Deckel aufgestellt. Momo kann sich nicht mehr daraufsetzen und Lucky attackieren. Mit der Zeit vergisst der Kater den Angriff und geht wieder wie gewohnt auf die Toilette; der Deckel kann wieder angebracht werden.

Begleitende Maßnahmen Unterstützend wirken die Bach-Blüten Aspen, Rock Rose und Star of Bethlehem, aber auch Aromen wie Kamille oder Mimose (→ Kasten Seite 42 und 47).

Hilfe vom **Tierpsychologen**

TIPPS VON DER
KATZEN-EXPERTIN
Birgit Kieffer

ANALYSE Ein Tierpsychologe untersucht die Verhaltensweisen von Tieren. In der Regel beginnt seine Arbeit mit einem ausführlichen Gespräch mit dem Tierbesitzer; gleichzeitig beobachtet er das Tier in seinem Lebensraum. Dabei versucht er, die Ursache des störenden Verhaltens zu erkennen und zu erklären. Zusammen mit dem Halter werden dann mögliche Therapien und Lösungswege erarbeitet.

THERAPIE Einige Verhaltensweisen, die als lästig empfunden werden, sind eine ganz natürliche Reaktion des Tieres. In so einem Fall ist es die Aufgabe des Tierpsychologen, die tierischen Verhaltensweisen zu erklären und die als störend empfundenen Angewohnheiten sanft zu verändern, sodass wieder ein harmonisches Zusammenleben zwischen Mensch und Tier möglich ist.

ERFOLG Voraussetzung für das gute Gelingen ist die Mitarbeit und Mithilfe der gesamten Familie, ebenso das konsequente Umsetzen der vom Tierpsychologen vorgeschlagenen Veränderungen im Alltag.

Protest gegen neue Mitbewohner

Fallbeispiel Die 5-jährige Luzy lebt, seit sie als Kitten ins Haus kam, mit ihrem Frauchen in einer katzengerechten Wohnung. Sie ist zwar den ganzen Tag allein, hat aber genug Spielzeug – und abends gibt es ausführliche Spiel- und Streicheleinheiten. Seit einiger Zeit hat ihr Frauchen einen Freund, der häufig zu Besuch kommt und auch länger bleibt. An Luzys Tagesablauf hat sich dadurch nichts geändert, sie genießt weiterhin täglich ausgiebige Streichel- und Spieleinheiten. Trotzdem uriniert sie fast jeden Tag auf die Schuhe des Freundes.

Erklärung Luzy ist eifersüchtig. Sie stand jahrelang an erster Stelle. Jetzt ist ein vermeintlicher Konkurrent in ihr Leben getreten. Die Anzahl der Spiel- und Schmuseeinheiten hat sich zwar nicht geändert, sie spürt aber, dass sie nicht mehr die unangefochtene Nummer eins im Haushalt ist. Dies möchte Luzy so nicht hinnehmen: Sie versucht, dem Eindringling mitzuteilen, dass Wohnung und Frauchen ihr gehören. Diesen Anspruch untermauert sie, indem sie auf alle Besitztümer des »Feindes« ihren Duft aufbringt.

Lösung Luzy muss sich wieder sicher und geborgen fühlen. Sie darf nicht das Gefühl haben, dass ihr ihre Position streitig gemacht wird. Der neue Mitbewohner kümmert sich jetzt ebenfalls um Luzy – auch wenn das angesichts der feuchten Schuhe sicherlich schwerfällt. Sie wird als Erste begrüßt, so oft es geht sogar vom neuen Mitbewohner gefüttert. Zwischendurch bekommt sie kleine Leckerli. Der neue Freund beteiligt sich an den Spiel- und Schmusestunden. So lernt Luzy, dass der »Eindringling« seine Vorteile hat und fühlt sich nicht zurückgedrängt. Hat sie ihn akzeptiert, braucht sie ihr Revier nicht mehr verteidigen und benutzt wieder ausschließlich ihre Katzentoilette.

Dient der Wäschekorb dem Kätzchen als Schlafplatz, stört das wenig. Wird er allerdings zur Toilette umfunktioniert, ist das weniger witzig.

Hilfe aus der **Naturheilkunde**

SANFTE »MEDIZIN« Stehen Veränderungen im Leben an, können Sie Ihrer Katze mithilfe verschiedener unterstützender Maßnahmen ein Gefühl von Sicherheit und Geborgenheit vermitteln. Als Einzeltherapie, aber auch in Kombination – auf den Rat eines Experten zusammengestellt – wirken sie oft wahre Wunder.

MIT ALLEN SINNEN Aromatherapien wirken über den Geruchssinn; sie haben einen heilenden, beruhigenden, aber auch anregenden Einfluss. Farbtherapien vermögen die Lebensgeister zu wecken und das Gemüt aufzuhellen. Bach-Blütenmischungen können helfen, das Tier zu beruhigen und Beschwerden zu lindern.

Begleitende Maßnahmen Unterstützen können Sie Ihre Katze durch die Bach-Blüten Holly und Oak und durch Aromen wie Neroli oder Ylang-Ylang (→ Kasten Seite 42 und 47).

Altersdemenz

Fallbeispiel Sunny ist ein 16 Jahre alter Siamkater. Er war sein Leben lang völlig problemlos, sehr verspielt und anhänglich. Vor einem Jahr ist seine Familie in eine neue Wohnung umgezogen. Alle haben sich sehr um Sunny gekümmert und versucht, ihm die Eingewöhnungsphase so gut es ging zu erleichtern. Trotzdem war der Kater lange Zeit äußerst unsicher und verwirrt; mit der Zeit aber hat er sich an die neue Umgebung gewöhnt. Leider passiert es jedoch immer häufiger, dass er sein großes und kleines Geschäft an verschiedenen Stellen in der Wohnung und nicht wie früher in der Katzentoilette absetzt.

Erklärung 16 Katzenjahre – das entspricht etwa 84 Menschenjahren. Ein Umzug ist für jede Katze eine sehr stressvolle Angelegenheit, und je älter das Tier ist, umso länger dauert die Eingewöhnungszeit. Denn auch bei Tieren lässt die geistige Flexibilität mit den Jahren nach, sie brauchen länger, um sich zu orientieren, neue Dinge zu erlernen, sich an eine neue Umgebung zu gewöhnen. Es kann sein, dass Sunny, wenn er aufwacht, einige Zeit braucht, bis er weiß, wo er ist. Ist der Harndrang dann recht groß, findet er seine Katzentoilette nicht und uriniert an eine andere Stelle in der Wohnung.

Lösung Um Sunny den Lebensabend zu erleichtern, werden mehrere Katzentoiletten aufgestellt; so findet er, wenn er auf der Suche nach einer Toilette umherirrt, auf jeden Fall eine.

Eine Alternative wäre, Sunny für die Nacht ein verschlossenes Zimmer zuzuweisen – mit Wasser, Futter, Spielzeug und einer Toilette. Das Ganze soll keine Strafe sein, sondern lediglich seinen Aktionsradius beschränken.

Begleitende Maßnahmen Die Bach-Blüten Honeysuckle, Rock Water und Walnut und die Aromen Cejeput oder Mimose wirken unterstützend (→ Kasten Seite 42 und 47).

Die meisten Katzen sind bestechlich: mit Leckerli und Zuneigung. Ist das Vertrauen erst einmal gewonnen, sollte man es nicht leichtfertig wieder aufs Spiel setzen.

Aufmerksamkeitsdefizit

Katzen brauchen Zuwendung. Mangelt es an dieser, versuchen sie auf ihre Weise Aufmerksamkeit zu erregen. Dabei kommt es ihnen nicht darauf an, gelobt zu werden; durch Wegscheuchen oder Schimpfen zeigt der Mensch ebenfalls sein »Interesse«.

Pflanzen anknabbern

Fallbeispiel Die Familie der 1 ½ jährigen Perser-Katze Queeny liebt Pflanzen, es stehen immer frische Blumen auf dem Tisch. Fast jeden Morgen hat Queeny den Strauß zerpflückt und einen Teil der Blumen gefressen.

Erklärung Katzen knabbern häufig an Pflanzen. Manche vermuten, dass Katzen so lebensnotwendige Vitamine zu sich nehmen. Allerdings ist diese Menge so gering, dass dieser Erklärungsansatz eher unwahrscheinlich ist. Ein besseres Argument: Gras hilft den Tieren, unverdauliche Haarballen herauszuwürgen. Denn durch das stetige Putzen verschlucken sie einen Großteil ihrer losen Haare; die meisten werden mit dem Kot wieder ausgeschieden. Sind es jedoch zu viele, hilft Gras, dass sich die Haare verklumpen und herausgewürgt werden können.

Lösung Queeny erhält spezielles Katzengras aus dem Zoofachhandel. Denn Grasfressen ist ein natürliches Verhalten, das Sie einer Katze nicht abgewöhnen können – und aus gesundheitlichen Gründen auch nicht sollten. Die Blumsträuße stehen nachts auf dem Balkon, damit Queeny nicht mehr daran kommt.

Begleitende Maßnahmen Unterstützen können Sie Ihre Katze durch die Bach-Blüten Scleranthus (→ Kasten Seite 42 und 47).

In der Erde buddeln

Fallbeispiel Rocky ist ein lieber, anschmiegsamer Koratkater. Die meiste Zeit des Tages döst er, sieht aus dem Fenster und spielt. Etwa einmal pro Woche jedoch setzt er sich in den großen Blumentopf im Wohnzimmer und fängt an, in der Erde zu scharren – meist dann, wenn Besuch da ist.

Alle Katzen knabbern gerne an Pflanzen. Damit sie sich dabei nicht an harten Blättern verletzen, stellen Sie am besten spezielles Katzengras auf.

Erklärung Das Buddeln kann verschiedene Ursachen haben: In freier Natur verrichtet eine Katze ihr Geschäft meist in weicher Erde. Um Feinde nicht auf sie aufmerksam zu machen, wird die Hinterlassenschaft vergraben. Vielleicht sieht die Katze die weiche, frische Erde als Ersatz für die Katzentoilette an und versucht, ihr Geschäft darin zu vergraben. Eine andere Erklärung besteht darin, dass gerade etwas trockene Erde für Katzen ein ideales Spielzeug darstellt. Hier können sie graben, angeln und die leichten Erdballen weit durch die Luft werfen. Rockys Verhalten aber hat noch einen anderen Grund: Da er immer nur dann im Blumentopf buddelt, wenn Gäste da sind, fühlt er sich wahrscheinlich vernachlässigt; er möchte also Aufmerksamkeit erregen.

Lösung Um weitere Buddelversuche zu unterbinden, wird die Erde abgedeckt. Am besten eignen sich dazu Kieselsteine. Um Rockys Eifersucht zu unterbinden, begrüßen die Gäste von nun an auch den Kater und geben ihm ab und zu ein Leckerli.

Begleitende Maßnahmen Die Bach-Blüten Beech, Chicory und Holly und Aromen wie Ylang-Ylang oder Kardamom wirken unterstützend (→ Kasten Seite 42 und 47).

An Türen kratzen

Fallbeispiel Buffy, eine 3-jährige Hauskatze, lebt seit sie mit acht Wochen von einem Bauernhof in die Familie kam, in einem großen Haus. Buffy hat Freigang, muss jedoch nachts im Haus bleiben. Da es keine Katzenklappe gibt, kratzt Buffy an der Tür, wenn sie rein oder raus möchte – die Tür wird dann geöffnet. Bis vor sechs Monaten durfte Buffy nachts mit ins Bett. Als ihre Besitzer feststellten, dass sie Flöhe hatte, bekam sie Schlafzimmerverbot. Obwohl inzwischen frei von Flöhen soll Buffy weiterhin nicht mehr ins Schlafzimmer. Jede Nacht steht sie nun vor der Tür und kratzt ohne Ende. Nach einiger Zeit geben ihre Besitzer nach und lassen sie doch wieder zu sich.

Erklärung Zum einen hat Buffy gelernt, dass sich Türen öffnen, wenn sie daran kratzt; das funktioniert ja auch bei der Eingangstüre, wenn sie raus

Viele Katzen haben gelernt, dass sich eine Tür öffnet, wenn sie daran kratzen. Ihnen das wieder abzugewöhnen erfordert viel Geduld.

oder rein will. Zudem standen bisher alle Türen im Haus offen; nun ist eine verschlossen. Buffy versteht das nicht.

Lösung Ein einmal erlerntes Verhalten wieder umzulernen, ist schwierig und erfordert viel Zeit und Geduld. Buffy versteht nicht, dass an manchen Türen das Kratzen erlaubt ist, an anderen nicht. Da Kratzen für Buffy kein Erfolgserlebnis mehr bringen soll, wurde an der Eingangstür eine Katzenklappe eingebaut. Sie kann nachts verriegelt werden, sodass Buffy im Haus bleiben muss. Die Schlafzimmertüre bleibt weiterhin geschlossen. Buffy kratzte eine Nacht lang erfolglos an ihr – eine harte Bewährungsprobe für ihre Besitzer. Danach aber hatte die Katze verstanden, dass sich die Tür durch Kratzen nicht öffnet. Sie lässt jetzt das Kratzen sein.

Begleitende Maßnahmen Sie können Ihre Katze beim Umlernprozess durch die Bach-Blüten Oak

---

Unterstützende **Bach-Blüten**

NOTFALLTROPFEN Star of Bethlehem, Rock Rose, Impatiens, Cherry Plum, Clematis

ANGST Aspen, Cherry Plum, Rock Rose, Mimulus

AGGRESSION Holly, Beech, Impatiens, Vine

LERNBEREITSCHAFT Wild Oat, Chestnut bud, Centaury, Hornbeam

ERSCHÖPFUNG Olive, Oak, Elm, Gorse

TRAUER Larch, Honeysuckle, Mustard

ENTGIFTUNG Crab Apple, Chicory, Clematis, Elm

DOSIS Verabreichen Sie 2-mal täglich 5–7 Globuli; bei akuten Gefühlslagen alle 3–4 Stunden 5 Globuli. Vorsicht: Flüssige Bach-Blüten-Mischungen enthalten oft Alkohol und sind daher für Katzen ungeeignet.

---

und Chestnut Bud und Aromen wie Zimt oder Neroli unterstützen (→ Kasten unten und Seite 47).

An Möbeln kratzen

Fallbeispiel Kira ist eine 4-jährige Mischlingskatze. Sie wurde aus unbekannten Gründen im Tierheim abgegeben. Seit zwei Monaten lebt Kira bei einer Familie mit zwei Kindern und einem Hund in einer großen Wohnung. Sie hat sich sehr gut eingelebt, ist zutraulich und verschmust, aber auch verspielt; sie kommt auch mit den Kindern und dem Hund gut zurecht. Der Futterplatz befindet sich in der Küche, die Katzentoilette im Badezimmer, der Kratzbaum wurde im Kinderzimmer aufgestellt, wo Kira auch schläft. Sie hat sich dazu das am Kratzbaum angebrachte Bettchen als Schlafstelle gewählt. Dafür kratzt sie, sehr zum Ärger ihrer Menschen, immer wieder an einer Stelle am Sofa.

Erklärung Kratzen dient Katzen neben der Körperpflege vor allem dazu, ihr Revier zu markieren. Durch Reiben und Kratzen werden Duftstoffe an den bearbeiteten Stellen hinterlassen. Kratzen wird zudem als optische Dominanzgebärde eingesetzt; die Katze will damit ihren Besitzanspruch zeigen.

Lösung Kira fühlt sich im neuen Zuhause zwar recht wohl, sie will ihr Revier aber trotzdem durch Düfte markieren. Katzen reiben dazu mit ihrem Köpfchen an Türrahmen und Möbelstücken. Im Zentrum ihres Lebensraumes werden verstärkt auch Duftstoffe über die Pfoten angebracht. Da Kiras Kratzbaum im Kinderzimmer steht, braucht sie eine weitere Gelegenheit zum Kratzen. Sie bekam daher einen zweiten Kratzbaum im Wohnzimmer; die Couch wird immer seltener attackiert.

Begleitende Maßnahmen Die Bachblüten Oak, Honeysuckle und Walnut und Aromen wie Nelke (→ Kasten Seite 42 und 47) wirken unterstützend.

Nicht immer wird nur spezielles Katzenspielzeug zum Herumtoben benutzt. Ein im Luftzug wehender Vorhang animiert ebenso schön zum Spielen.

Hat die Katze einmal gelernt, dass es bei Tisch gute Sachen gibt, möchte sie immer etwas vom Essen abhaben. Sie kann dann äußerst penetrant betteln.

An den Beinen hochklettern

Fallbeispiel Die 1-jährige Susinella lebt als reine Wohnungskatze in einer Familie. Als sie mit acht Wochen ins Haus kam, wurde sie sehr verhätschelt, alle kleinen »Unarten« wurden ihr nachgesehen. Von Anfang an kletterte Susinella an den Beinen ihrer Herrchen hoch, wenn es Futter gab. Anfangs fanden alle Familienmitglieder dieses Verhalten noch recht putzig. Mittlerweile springt Susinella aber auch bei anderen Gelegenheiten an den Beinen hoch. Da sie inzwischen stolze sechs Kilo wiegt, ist diese Angewohnheit für ihre Menschen richtig schmerzhaft geworden.

Erklärung Klettern ist für Katzen ein ganz natürliches Verhalten. Für Susinella brachte das Hochklettern an den Beinen gleich zweifachen Gewinn: Es machte Spaß, und sie bekam ihr Futter als »Belohnung«. Susinella hat also gelernt, dass Beine anzuspringen angenehme Konsequenzen nach sich zieht. Kein Wunder, dass sie immer wieder ein ähnliches Verhalten an den Tag legt.

Lösung Susinella darf mit ihrem Verhalten keinen Erfolg mehr haben. Ihre Besitzer müssen sie immer wieder abschütteln, wenn sie an ihren Beinen hochklettern möchte. Nach einer Kletterattacke gibt es kein Futter, und es wird auch nicht gespielt. Mit der Zeit lernt Susinella, dass ihr dieses Verhalten keinen Erfolg mehr bringt; sie wird es bleiben lassen.

Begleitende Maßnahmen Die Bach-Blüten Oak und Cherry Plum und Aromen wie Vanille oder Ylang-Ylang (→ Kasten links und Seite 47) wirken unterstützend.

Betteln

Fallbeispiel Der 3-jährige Blacky ist eine Findelkatze. Er war zwar ziemlich verwahrlost und abgemagert, hat sich aber seiner neuen Familie schnell angeschlossen. Da der Kater sehr verhungert war, bemühten sich alle, ihn aufzupäppeln. Blacky bekam jede Menge Leckerli, und auch vom Tisch fiel immer wieder etwas für ihn ab. Mittlerweile hat sich Blacky zu einem stattlichen, ja rundlichen Kater

Durch Miauen fordert uns die Katze auf, etwas für sie zu tun. Dabei reicht die Bandbreite von: »Öffne mir die Tür« bis zu »Gib mir etwas zu Fressen«.

entwickelt. Die Familie hat sich daher entschlossen, sich mit Leckerli zurückzuhalten und auch nichts mehr vom Tisch zu füttern. Blacky aber steht bei jeder Mahlzeit am Tisch und verlangt mit zunehmender Penetranz seinen Anteil.

Erklärung Blacky hat gelernt, dass auch er bei Tisch etwas abbekommt; er kann keinen Zusammenhang zwischen seiner Figur und den kulinarischen Zuwendungen erkennen. Deshalb versteht er nicht, warum diese beliebte Futterquelle ganz plötzlich versiegt ist.

Lösung Eine alte Gewohnheit wieder abzustellen erfordert viel Geduld und Konsequenz. Blacky bekommt ab sofort nichts mehr vom Tisch. Es darf dabei keine Ausnahme geben, egal, wie sehr er bettelt und miaut. Nach einiger Zeit wird er verstanden haben, dass es nichts mehr vom Tisch gibt und nicht mehr betteln.

Begleitende Maßnahmen Unterstützen können Sie Ihre Katze durch die Bach-Blüten Impatiens und Chicory und Aromen wie Ylang-Ylang oder Zimt (→ Kasten Seite 42 und 47).

Quasselstrippen

Fallbeispiel Filou lebt allein mit seinem Frauchen. Abends nach der Arbeit wird erst einmal geschmust. Der Kater wird gefüttert und legt sich wieder auf die Couch. Doch jede Nacht gegen 4.30 Uhr fängt Filou an, jämmerlich zu schreien und weckt das ganze Haus.

Erklärung Ob und wie viel eine Katze »spricht« ist stark von ihrer Persönlichkeit abhängig. Manchen Rassen, wie Siamkatzen und Orientalen, wird eine größere Gesprächigkeit nachgesagt als anderen. Eins jedoch ist allen Stubentigern gemein: Sie sind dämmerungsaktive Tiere. Tagsüber und fast die ganze Nacht schlafen oder dösen sie. Frühmorgens und in den Abendstunden jedoch werden sie munter – und wollen etwas erleben. Das ist auch bei Filou nicht anders. Weil abends sein Frauchen nach Hause kommt und sich erst einmal viel Zeit für den Kater nimmt, ist er zu dieser Stunde ausreichend beschäftigt. In den Morgenstunden aber schläft Frauchen – und Filou langweilt sich; er miaut dann lauthals um Aufmerksamkeit.

Lösung Vor dem Schlafengehen spielt Filous Frauchen noch einmal richtig intensiv mit ihm. Je mehr sich der Kater austoben kann, umso länger wird er morgens schlafen. Außerdem bekommt er verschiedene Spielsachen, mit denen er sich auch längere Zeit allein beschäftigen kann.

Begleitende Maßnahmen Die Bach-Blüten Chicory und Cherry Plum oder Aromen wie Melisse und Neroli wirken unterstützend (→ Kasten Seite 42 und 47).

Streit zwischen Katzen

Kommt eine neue Katze ins Haus, rechnet man damit, dass es dauert, bis sich der Neuankömmling einlebt und Freundschaft mit der »alten« Katze schließt. Manchmal passiert es aber, dass sich zwei Katzen plötzlich nicht mehr verstehen, sich anfauchen und sogar aufeinander losgehen.

Umgeleitete Aggression

Fallbeispiel Die 4-jährigen kastrierten Kater Max und Moritz sind Geschwister. Bis auf kleinere, spielerische Rangeleien haben sie sich immer gut verstanden, lagen nebeneinander auf dem Sofa und haben sich gegenseitig abgeschleckt. Eines Abends, beide saßen wie so oft an der Terrassentür, geht Max plötzlich und scheinbar völlig ohne Vorwarnung auf Moritz los.

Erklärung Max hat beim Hinaussehen einen Marder entdeckt und ist sehr erschrocken; Marder sind natürliche Feinde von Katzen. Max will den Feind angreifen, er kommt durch die geschlossene Terrassentür aber nicht an ihn heran. Unglücklicherweise sitzt gerade Moritz neben ihm, und er bekommt die Prügel ab.

Lösung Max und Moritz wurden erst einmal getrennt, bis sich die Gemüter wieder beruhigten. Anschließend wurden sie in ein gemeinsames Spiel verwickelt. Die Futternäpfe wurden nah beieinander

Begegnen sich zwei Katzen das erste Mal, versuchen sie, durch Fauchen und Knurren ihre Stellung zu klären.

Gelingt ihnen das nicht, setzen sie ihren ganzen Körper ein, um ihre Position in der Hierarchie zu behaupten.

aufgestellt, sodass beide zugleich fressen konnten. So vergaßen sie das Erlebnis mit dem Marder und erinnerten sich wieder an gemeinsame Zeiten.

Begleitende Maßnahmen Unterstützend wirken die Bach-Blüten Beech und Cherry Plum und Aromen wie Koriander oder Neroli (→ Kasten Seite 42 und 47).

Nicht geklärte Hierarchie

Katzen leben meist in einem eher lockeren Verbund. Im Gegensatz zu Hunden, bei denen es eine klar strukturierte Hierarchie gibt, ist die Rangordnung bei Katzen verschwommener und für Außenstehende schwer zu erkennen. Nur sehr selten hat eine Katze die uneingeschränkte Vormachtstellung. Außerdem kann sich die Rangfolge öfter ändern. Schon Kitten lernen im spielerischen Kampf, sich gegen die Geschwister, aber auch gegen erwachsene Katzen durchzusetzen. Der Unterlegene erkennt die Übermacht des Siegers an und ordnet sich unter. Bis zum nächsten Mal.

› Die ranghöchste Katze spielt als Erste mit neuem Spielzeug und bekommt beim Fressen die besten Stückchen. Und natürlich sucht sie sich den besten Schlafplatz aus. Das heißt jedoch nicht, dass andere Katzen zu bestimmten Zeiten nicht auch auf diesem Platz liegen dürfen.

› Die Rangordnung Ihrer Katzen können Sie sehr gut am »Chefplatz« erkennen. Liegt die ranghöchste Katze auf ihrem Platz und kommt ein rangniedrigeres Tier dazu, wird diese sich den Platz zwar ansehen. Stellt sie aber fest, dass er belegt ist, geht sie wieder. Liegt die rangniedrigere Katze auf dem bevorzugten Platz, setzt sich die ranghöhere Katze direkt daneben, bis die andere den Platz räumt.

› Bei unkastrierten Tieren haben Kätzinnen – vor allem wenn sie Nachwuchs haben – einen höheren Rang als ein Kater. In einer Gruppe von kastrierten und nicht kastrierten Katzen stehen die kastrierten Tiere immer am unteren Ende der Hierarchieleiter. Sind alle in der Gruppe lebenden Katzen kastriert, sind die kastrierten Kätzinnen meist ranghöher als die kastrierten Kater.

Eng aneinander geschmiegt, fühlen sich Katzenfreunde sicher. So lässt es sich herrlich schlafen.

Schon kleine Kätzchen üben spielerisch miteinander zu kämpfen, sich zu verteidigen und die Regeln des Zusammenlebens kennenzulernen.

Begleitende **Aromatherapie**

DUFTSTOFFE Einen großen Teil ihrer Umwelt nehmen Katzen über Gerüche wahr. Deshalb ist die Aromatherapie mit 100 %-naturreinen Duftölen bestens für sie geeignet.

WIRKUNG Mit dem entsprechenden Aroma unterstützen Sie das Gemüt Ihrer Katze – von anregend bis beruhigend, von ermutigend bis abweisend.

DOSIERUNG Geben Sie 5–6 Tropfen des Aromaöls in eine Duftlampe und lassen Sie diese ca. 30 Minuten brennen.

FACHMÄNNISCHER RAT Einige Öle sind für Katzen unverträglich und können sogar zum Tode führen. Lassen Sie sich daher unbedingt beraten.

Im Laufe eines Katzenlebens kann es immer wieder geschehen, dass es zu einem Wechsel in der bisher bestehenden Hierarchie kommt. Oft werden solche Veränderungen mit viel Geschrei, Pfotenhieben und fliegenden Haaren begleitet. Ernsthafte Verletzungen sind dabei jedoch sehr selten – und dann meist unbeabsichtigt.

Eine neue Katze kommt ins Haus Lebt die Katze alleine in einem Haushalt, hat sie den einzigen und somit den ranghöchsten Platz in der Hierarchie. Sie bekommt die besten Leckerli, hat uneingeschränkt Zugriff auf neues Spielzeug und kann sich den besten Schlafplatz aussuchen.

Kommt nun eine zweite Katze hinzu, muss sich die Erstkatze gegenüber dem Neuzugang behaupten und ihre Ansprüche geltend machen. Nach einigen Tagen gegenseitigen Anfauchens und Knurrens hat sich die Lage meist geklärt. Die Erstkatze hat ihre Position dargelegt und erfolgreich verteidigt, das neue Tier gibt sich mit dem zweiten Platz zufrieden.

Eine junge Katze wird erwachsen Kommt ein junges Kätzchen zu einer oder mehreren erwachsenen Katzen ins Haus, hat es automatisch den untersten Rang in der Hierarchie. Wird das Kitten aber erwachsen, versucht es in der Hierarchie höher zu steigen. Dabei können sich die Phasen des Aufbegehrens über einen längeren Zeitraum hinziehen, bis das junge Kätzchen erwachsen und die Rangfolge endgültig geklärt ist.

Die alte Katze wird krank Kommt eine Katze in die Jahre, kann es passieren, dass ein jüngeres Tier die Chance sieht, sich eine bessere Position in der Hierarchie zu verschaffen. Für die ältere Katze ist der Verlust ihrer Stellung oft nur sehr schwer zu verkraften. Häufig gibt es hier über einen langen Zeitraum immer wieder mehr oder weniger starke Gefechte.

Problemkatzen

Viele Verhaltensweisen unserer Hauskatzen lassen sich auf das Erbe ihrer wilden Vorfahren zurückführen. Ab und zu geschieht es aber, dass eine Katze Gewohnheiten und Eigenarten entwickelt, die sich dadurch nicht erklären lassen. Doch konsequente und liebevolle Zuwendung kann auch in diesen Fällen helfen.

Katzen brauchen unsere Hilfe

Fast immer ist ein Schock oder ein Trauma die Ursache dafür, dass sich eine Katze artuntypisch verhält. Auslöser dafür sind aus menschlicher Sicht oft Kleinigkeiten, etwa ein plötzlicher Knall. Wir selbst erschrecken dadurch zwar, können uns die Ursache jedoch erklären und vergessen das Ganze wieder. Anders bei der Katze: Sie erschrickt, weiß aber nicht, woher das Geräusch kommt. War sie zufällig gerade auf der Toilette, verbindet sie diese mit dem Knall. Da sie eine ähnliche Situation vermeiden will, wird sie in Zukunft einen Bogen ums Katzenklo machen.

Einsam oder zu behütet?

Lebt eine Einzelkatze in einer Wohnung, sind ihre Besitzer den ganzen Tag berufstätig und dazu vielleicht noch mehrmals in der Woche abends beziehungsweise auch am Wochenende oft unterwegs, kann es leicht passieren, dass Mieze vereinsamt. Je nach Temperament wird sie dann entweder sehr massiv auf ihr Problem aufmerksam machen, indem sie zum Beispiel unsauber oder aggressiv wird. Ruhigere Katzen ziehen sich dagegen immer mehr in sich zurück, werden apathisch und depressiv. Den gleichen Effekt kann übrigens auch ein Übermaß an Liebe bewirken. Wird die Katze von Zuneigung und Hingebung erdrückt, kann das ebenfalls traumatisch für sie sein.

Holen Sie sich Unterstützung

Egal, ob Ihre Katze offensichtlich oder still vor sich hin leidet: Wenn Sie vermuten, dass ein Trauma die Ursache für ihr Verhalten ist, sollten Sie nicht zögern, die Hilfe eines Fachmanns in Anspruch zu nehmen. Je früher Sie mit einer Therapie beginnen, umso größer ist die Chance, dass Ihre Katze wieder ein glückliches, stressfreies Leben führen kann.

Wenn Mieze Angst hat

So unterschiedlich das Temperament von Katzen ist, so unterschiedlich ist auch ihr Mut. Da spielen Erbanlagen eine große Rolle, aber auch schlechte oder gute Erfahrungen als Kitten. Auch die Katzenmutter hat einen großen Einfluss: Ist sie selbst eher ängstlich, überträgt sie dies mit hoher Wahrscheinlichkeit auch auf ihre Jungen.

Angst zeigt sich übrigens nicht nur in einer geduckten Haltung und Verstecken. Aggression und Angriff können ebenfalls ein Zeichen von Ängstlichkeit sein. Versuchen Sie daher nie eine ängstliche Katzen zu beruhigen, indem Sie sie festhalten oder streicheln.

Die **selbstbewusste Katze**

KONSEQUENZ Beginnen Sie mit der Erziehung bereits ab dem Zeitpunkt, an dem das junge Kätzchen ins Haus kommt. Seien Sie geduldig, auch wenn die Katze nicht immer gleich versteht, was Sie von ihr wollen. Ganz wichtig: Halten Sie alle Regeln konsequent ein. Das gibt Ihrer Katze Sicherheit; sie weiß, wie sie sich verhalten soll.

POSITIV POLEN Geben Sie Mieze nie das Gefühl, dass sie versagt hat. Sorgen Sie dafür, dass Ihre Katze Erfolgserlebnisse hat.

BELOHNEN Belohnen Sie Ihre Katze, wenn sie etwas richtig gemacht hat. Versuchen Sie, immer im gleichen, freundlichen Ton zu loben. Die Katze versteht die Worte nicht, aber den Tonfall. Strafe dagegen ist kein guter Lehrmeister. Hat Ihre Katze Angst, wird sie unsicher.

Angst vor Fremden

Fallbeispiel Die 8-jährige Mimi wohnte bis vor einem Jahr bei einer älteren Dame, die sehr zurückgezogen lebte. Als sich die Frau aus gesundheitlichen Gründen nicht mehr um Mimi kümmern konnte, nahmen die Nachbarn die Katze bei sich auf. Mimi hat sich mit dem Umzug sehr schwergetan und sich immer wieder unters Bett verkrochen. Sie war sehr ruhig und spielte fast gar nicht. Dank viel Geduld und Zuneigung fühlt sich Mimi jetzt in ihrem neuen Zuhause zwar wohl; sie kommt mit auf die Couch und lässt sich streicheln. Sobald es jedoch an der Türe klingelt, ist Mimi verschwunden und taucht erst Stunden, nachdem der Besuch gegangen ist, wieder auf.

Erklärung Mimi lebte sieben Jahre völlig zurückgezogen; sie hatte sich an die Einsamkeit gewöhnt. Durch die mangelnden Anreize in ihrer Umgebung und dem täglich gleichen Ablauf bringt sie jede Änderung des gewohnten Rhythmus völlig aus der Fassung. Mit Mühe hat sie sich an das neue Umfeld gewöhnt. Sobald jedoch etwas diesen Tagesablauf stört, zieht sie sich wieder verängstigt zurück.

Lösung Mimi muss lernen, dass Besuch nichts Böses bedeutet. Durch angenehme Erlebnisse soll sie ihre Angst überwinden: Sobald sie sich aus ihrem Versteck traut, bekommt sie Leckerli und wird gelobt. Mit der Zeit wird sie immer früher herauskommen. Traut sich Mimi aus dem Versteck, wenn der Besuch noch da ist, bekommt sie die Leckerli von den Gästen. Es wird zwar einige Zeit in Anspruch nehmen, bis Mimi ihre Furcht überwunden hat. Aber mit viel Geduld kann aus ihr wenn auch keine mutige, doch eine einigermaßen angstfrei lebende Katze werden.

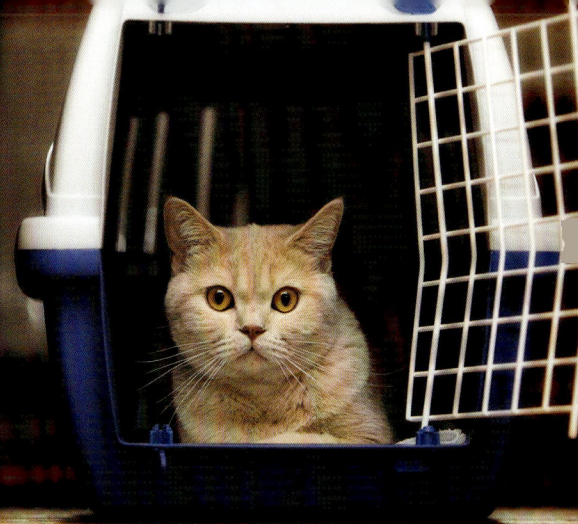

Wird der Transportkorb nur dann hervorgeholt, wenn der Besuch beim Tierarzt ansteht, verbindet die Katze unangenehme Erinnerungen damit.

Mithilfe von Leckerli kann diese Angst überwunden werden. Erst einmal vor dem Korb, später im Korb – das lässt die schlechten Erlebnisse verblassen.

Begleitende Maßnahmen Die Bach-Blüten Aspen, Larch und Oak und Aromen wie Koriander oder Mimose wirken unterstützend (→ Kasten Seite 42 und 47).

Angst vor dem Tierarzt

Fallbeispiel Die 7-jährige Sibirische Waldkatze Amadeus hat schlechte Zähne. Deshalb wird dem Kater zweimal im Jahr beim Tierarzt der Zahnstein entfernt. Bereits Tage vor dem Ereignis scheint Amadeus zu wissen, was ihm bevorsteht, und zieht sich zurück. Ist dann der besagte Tag gekommen, muss die ganze Familie mithelfen, um ihn aus dem Versteck zu holen und ihn in den Transportkorb zu verfrachten. Dort tobt er die ganze Fahrt zum Tierarzt wie besessen. Seine Besitzerin versucht, ihn zu beruhigen, indem sie ununterbrochen auf ihn einredet und ihn streichelt. Dabei hat Amadeus sie auch schon gebissen.

Erklärung Durch den immer wiederkehrenden Kampf mit Amadeus ist auch die Familie bereits Tage vor dem Tierarztbesuch ziemlich angespannt. Das wiederum spürt Amadeus und zieht sich zurück. Das Einfangen löst weitere Angst aus; seine Abwehr wird immer stärker.

Lösung Amadeus muss lernen, dass der Besuch beim Tierarzt zwar nicht unbedingt angenehm, aber auch nicht wirklich schlimm ist. Er darf keine Anspannung spüren. Der Transportkorb sollte schon einige Zeit vorher an gut sichtbarer Stelle aufgestellt werden. So merkt der Kater, dass davon nichts Schlimmes ausgeht und wird sich ihm nähern. Die Angst nehmen auch Leckerli, die in den Korb gelegt werden. Während der Fahrt und in der Tierarztpraxis sollte nicht beruhigend auf Amadeus eingeredet oder er gar gestreichelt werden. Der Kater fühlt sich dadurch nur in seiner Angst bestätigt und spannt sich noch mehr an.

Begleitende Maßnahmen Die Bach-Blüten Impatiens, Cherry Plum und Clematis und Aromen wie Sandelholz wirken unterstützend (→ Kasten Seite 42 und 47).

Angst vor Geräuschen

Fallbeispiel Django, ein großer, stattlicher Kater, verwandelt sich regelmäßig in ein Häufchen Elend, wenn er die Türglocke hört. Er rennt wie von der Tarantel gestochen ins Schlafzimmer und verkriecht sich unter dem Bett. Erst nach einiger Zeit traut er sich wieder heraus.

Erklärung Katzen sind eher vorsichtige Tiere. Viele haben gelernt, dass meist ein Fremder vor der Tür steht, wenn es klingelt. Da ist es für die Katze am ungefährlichsten, erst einmal in Deckung zu gehen, und von einer sicheren Position aus abzuwarten, ob der Ankömmling Freund oder Feind ist. In den meisten Fällen kommen die Katzen nach einiger Zeit wieder aus ihrem Versteck; die Neugier hat dann doch gesiegt. Django hat sich jedoch so in seine Angst hineingesteigert, dass sie immer schlimmer wird.

Lösung Jedes Familienmitglied wird in Zukunft erst einmal läuten, ehe es die Tür aufsperrt. So lernt

Django, dass das Klingeln mit etwas Angenehmen in Verbindung steht: Jemand aus der Familie kommt. Traut sich der Kater dann aus seinem Versteck, bekommt er eine Belohnung. Auch wenn er nach einiger Zeit nicht mehr sofort wegrennt, sobald es läutet, erhält er ein Leckerli. So lernt er, dass es sich lohnt, dazubleiben; Klingeln ist positiv besetzt.

Begleitende Maßnahmen Unterstützend wirken die Bach-Blüten Mimulus, Larch und Clematis und Aromen wie Melisse oder Vanille (→ Kasten Seite 42 und 47).

Diva mit eigenem Willen

Fallbeispiel Das 8-jährige Prinzesschen trägt ihren Namen nicht zu unrecht; sie ist eine richtige Diva. Bei der Auswahl ihres Futters ändert sich täglich ihr Geschmack. Heute möchte sie nur die eine Sorte, am nächsten Tag sieht sie das Futter nicht einmal mehr an. Ihr Frauchen hat eine ganze Kollektion an Dosen zu Hause, um täglich ausprobieren zu können, was Prinzesschen heute mag. Selbstverständlich schläft Prinzesschen auch im Bett; sie macht sich sogar richtig breit darin. Dass ihr Frauchen dadurch manche Nacht ziemlich unentspannt liegt, stört sie nicht. Natürlich wird Prinzesschen am Abend stundenlang gestreichelt, auch wenn Frauchen lieber Zeitung lesen möchte. Geht etwas nicht nach ihrem Kopf, miaut sie so lang, bis sie bekommt, was sie möchte.

Erklärung Jede Katze hat ihren eigenen, unverwechselbaren Charakter. Prinzesschen hat sich im Laufe der Jahre eine Vormachtstellung im Haus erarbeitet. Sie hat gelernt, dass es sofort Alternativen gibt, wenn sie ihr Futter nicht anrührt. Sie weiß auch, dass ihr Frauchen ganz aufgeregt versucht, sofort all ihre Wünsche zu erraten und zu erfüllen, wenn sie laut maunzt.

»Wenn ich mich ganz kleinmache und ganz tief über den Boden schleiche, sieht mich niemand« – das typische Verhalten einer ängstlichen Katze.

Das »zickige« Verhalten von Prinzesschen ist eine Art Beschäftigung für die Katze. Anstatt mit Spielmäusen und Bällen spielt Prinzesschen mit ihrem Frauchen. Sie miaut und wartet darauf, was ihr Frauchen jetzt tut. Gefällt ihr die Reaktion, zum Beispiel streicheln, ist es gut. Gefällt sie ihr nicht, miaut sie weiter, bis ihrer Besitzerin etwas einfällt, das auch ihr gerade passt.

Lösung Prinzesschen bekommt alles, was sie möchte, und nutzt dies leidlich aus. Ihr Frauchen muss lernen, sich nicht mehr von ihrer Katze »herumkommandieren« zu lassen. Das Tier dagegen muss lernen, dass nicht alles nach ihrem Kopf geht und auch sie Rücksicht zu nehmen hat.

Um das Problem in den Griff zu bekommen, gibt es ab sofort nur noch eine Sorte Futter. Frisst Prinzesschen es, ist es gut. Rührt sie es nicht an, wird das Schälchen nach einiger Zeit einfach wieder weggestellt und das Futter entsorgt; es steht immer genug Trockenfutter zur Verfügung, sodass Prinzesschen nicht hungern muss. Tägliche Spielzeiten werden eingeführt. In dieser Zeit beschäftigt sich Prinzesschens Frauchen mit ihr. Ist die Spielzeit beendet, wendet sich ihr Frauchen anderen Dingen zu, ohne auf die Katze zu achten. So soll Prinzesschen lernen, sich mit sich selbst zu beschäftigen. Das jammervolle Miauen wird ignoriert. Prinzesschen wird nach einiger Zeit lernen, dass ihr Maunzen erfolglos bleibt und es dann schließlich bleiben lassen. Breitet sich Prinzesschen nachts zu sehr im gemeinsamen Bett aus, wird sie sanft zur Seite geschoben. So kann auch ihr Frauchen wieder entspannt schlafen.

Begleitende Maßnahmen Sie können Ihre Katze durch die Bach-Blüten Mimulus, Chicory und Scleranthus und Aromen wie Kamille oder Mimose unterstützen (→ Kasten Seite 42 und 47).

Die Kraft der **Farben**

TIPPS VON DER
KATZEN-EXPERTIN
Birgit Kieffer

GUTE LAUNE Licht stimuliert die Seele. Wenn im Frühling die ersten Sonnenstrahlen hervorkommen und die Welt mit Farbe erfüllen, sind wir alle besser gelaunt und fröhlicher. Ist es dagegen den ganzen Tag über dunkel und trüb, fühlen wir uns müde und abgespannt. Das ist bei Katzen nicht viel anders als bei Menschen.

FARBLEHRE Für eine Farbtherapie können alle Farben des Regenbogens angewendet werden. Warmen Farben, wie Gelb, Rot oder Orange, wird eine anregende Wirkung nachgesagt. Kühle Farben, etwa Grün, Blau oder Violett, dagegen entspannen und harmonisieren.

ANWENDUNG Am wirkungsvollsten für eine Farbtherapie sind spezielle farbige Lampen. Die wohl bekannteste Bestrahlung mit farbigem Licht ist das Rotlicht. Es hilft z. B. bei Entzündungen und Verspannungen. Blaues Licht kann bei Nervosität und Schlafstörungen einen positiven Einfluss auf das Wohlbefinden haben. Selbst Tücher oder ganze Räume, die in einer bestimmten Farbe gehalten sind, haben eine entsprechende Wirkung auf die tierische (und menschliche) Psyche.

So fühlt sich Mieze rundum wohl

Die meisten Katzenbesitzer sehen ihrer Katze an, ob es ihr gut geht. Sie verbreitet dann eine ganz eigene, entspannte Aura. Sie können Ihren Teil dazu beitragen, dass Ihr Stubentiger zufrieden und glücklich ist.

Tut gut

(+) Sprechen Sie immer mit Ihrer Katze, wenn Sie ihr begegnen. Begrüßen und verabschieden Sie sich von ihr. Katzen gehen auch nicht einfach grußlos aneinander vorbei.

(+) Liegt Ihre Katze entspannt auf Ihrem Schoß, kraulen Sie sanft ihre Ohren. Sie wird es genießen und schnurren.

(+) Geben Sie Ihrer Katze ab und zu etwas Malz-Paste (Zoofachhandel). Das hilft ihr, die verschluckten Haare zu verdauen – und schmeckt gut.

(+) Hat sich Ihre Katze zum Schlafen zurückgezogen, lassen Sie sie in Ruhe. Nur wenn sie sich sicher fühlt, kann sie entspannen. Sie möchten ja beim Schlafen auch nicht gestört werden.

Besser nicht

(−) Sprühen Sie sich in Gegenwart Ihrer Katze nie mit Parfüm ein. Der Duft ist für das Tier extrem unangenehm und verfälscht außerdem Ihren Eigengeruch, an dem Mieze Sie erkennt.

(−) Katzen sind leise Tiere. Lärm und Hektik überträgt sich auf die Samtpfoten und lässt sie nervös und unsicher werden.

(−) Halten Sie Ihre Katze nicht gegen ihren Willen fest. Sie zerstören das Vertrauensverhältnis, und Ihre Katze wird sich nicht mehr gerne anfassen lassen.

(−) Heben Sie Ihre Katze niemals am Nackenfell hoch. Halten Sie sie mit einer Hand unter der Brust, mit der anderen unter den Hinterpfoten. So sitzt sie sicher und bequem.

Zu anhänglich?

Eigentlich ist es sehr schön, wenn eine Katze anhänglich und verschmust ist. Geht es jedoch über ein bestimmtes Maß hinaus, kann es richtiggehend lästig werden.

Die Katze »klebt« ständig am Frauchen

Fallbeispiel Die etwa 9-jährige Sissi wurde halb verhungert aufgefunden und ins Tierheim gebracht. Dort lebte sie sechs Monate, bis sie eine ältere Dame adoptierte. Sissi ist eine liebe, anspruchslose und brave Katze. Allerdings folgt sie ihrem Frauchen auf Schritt und Tritt. Selbst auf die Toilette geht sie mit. Seit kurzer Zeit kriecht sie sogar unter die Bettdecke.

Erklärung Man kann davon ausgehen, dass Sissi schon früher in einer Familie gelebt hat. Sie ist an Menschen gewöhnt und mag diese. Es lässt sich jedoch nicht feststellen, ob sie ausgesetzt wurde oder sich verlaufen hat. Sie konnte sich aber während der Zeit in »Freiheit« anscheinend nicht richtig selbst versorgen und musste Hunger leiden. Damit sich dies nicht wiederholt, klebt Sissi regelrecht an ihrem Frauchen.

Lösung Sissi braucht wieder Selbstbewusstsein. Ihre neue Besitzerin könnte zum Beispiel ein Clickertraining machen (→ Seite 28–29). Durch Erfolgserlebnisse fühlt sich die Katze sicherer. Andererseits sollte aber auch zu bestimmten Zeiten Abstand verlangt werden. Sissi muss lernen, dass ihr Frauchen auch mal kurze Zeit verschwindet und nichts weiter passiert. Nach einiger Zeit verblassen die Erinnerungen, und Sissi kann wieder ein ganz normales Leben führen.

Begleitende Maßnahmen Die Bach-Blüten Larch, Heather und Red Chestnut und Aromen wie Mimose oder Cajeput wirken unterstützend (→ Kasten Seite 42 und 47).

> Nichts ist schöner als eine selbstsichere und trotzdem anschmiegsame Katze. Bleibt Mieze jedoch gar nicht allein und fordert dauernd Aufmerksamkeit, braucht sie unsere Hilfe.

Aggressives Verhalten

In freier Natur ist ein bestimmtes Maß an Aggressivität überlebensnotwendig. Eine wildlebende Katze muss ihr Revier verteidigen, ein Kater um eine Kätzin werben und andere Konkurrenten vertreiben. Eine Mutterkatze wird die Zähne zeigen, wenn ihre Jungen in Gefahr sind. Und wenn Nahrung knapp ist, muss die Beute verteidigt werden. Unsere Hauskatzen brauchen zwar nicht mehr ums Überleben zu kämpfen, die Instinkte sind aber noch vorhanden. Doch aggressives Verhalten kann auch erlernt werden: Babys angriffslustiger Mutterkatzen werden ebenso schneller streitsüchtig reagieren. Und auch Schmerzen sowie die Erinnerungen daran können Katzen aggressiv werden lassen. Aggressionen ohne wirklichen Grund sind extrem selten; oft ist es jedoch schwierig, die Ursache aufzuklären. Der häufigste Grund: Angst. Die Katze versucht, durch Fauchen und Knurren den Feind in die Flucht zu schlagen. Gelingt ihr das nicht, ist sie durchaus bereit, stärkere Geschütze aufzufahren.

Vorsicht Versuchen Sie niemals eine aggressive Katze zu beruhigen, indem Sie sie streicheln oder festhalten. Ganz gleich, ob es sich um Angst- oder Verteidigungs-Aggression handelt: Ihre Katze befindet sich gerade in einem Ausnahmezustand. Sie kann dann Freund von Feind nicht unterscheiden, und so können auch Sie die Prügel abbekommen.

Wird eine Katze regelmäßig gebürstet, ist die Prozedur nicht unangenehm für sie; sie genießt die Massage.

Die Fellpflege wird so zu einem ganz besonderen Extra-Schmusestündchen für Mensch und Tier.

Aggressivität beim Bürsten

Fallbeispiel Die 7-jährige Perserkatze Alexa ist
eine ruhige, verschmuste Katze, die sich gerne
streicheln und kraulen lässt. Leider hat Alexa sehr
viel Unterfell, das schnell verknotet. Da ihre Familie
sie nicht konsequent gekämmt hat, war ihr Fell so
stark verfilzt, dass sie unter Vollnarkose vom Tierarzt geschoren werden musste. Seit dieser Zeit versucht ihre Familie zwar, Alexa regelmäßig zu kämmen, die Katze reagiert aber immer aggressiver auf
diese Versuche. Inzwischen halten der Vater und
die Tochter Alexa fest, während die Mutter sie
kämmt. Nach so einer Aktion haben alle Familienmitglieder diverse Kratz- und Bisswunden. Alexa ist
jetzt zwar gepflegt, durch die Kämmattacken leidet
jedoch das Familienleben, und auch Alexa zieht
sich immer mehr zurück.

Erklärung Bei Katzen ist eine regelmäßige Fellpflege unerlässlich. Viele Katzenrassen können dies
sehr gut alleine bewältigen, für sie ist das Kämmen
nur eine angenehme Massage. Hat eine Katze allerdings sehr dichtes Unterfell, kommt sie meist nicht
mehr allein damit zurecht; die Haare verknoten
immer mehr. Im Extremfall ziehen die Haare sogar
die Haut zusammen, und es wird richtig schmerzhaft für die Katze. In so einem Fall hilft dann nur
noch Scheren. Alexa hat dies alles schon erlebt.
Zuerst haben ihre Besitzer versucht, dem Filz mit
Kamm und Bürste Herr zu werden; das war äußerst
schmerzhaft für die Katze. Als dies alles keinen Erfolg brachte, wurde sie auch noch unter Vollnarkose
rasiert. Obwohl Alexa jetzt regelmäßig gekämmt
wird und keine Schmerzen hat, verbindet sie Kamm
und Bürste mit den unangenehmen Erinnerungen.
Sie versucht, ähnliche Erfahrungen zu vermeiden
und sträubt sich so gut es geht. Die Familie hält sie
deshalb immer fester.

So ist ein Teufelskreis entstanden der sich immer
weiter zuspitzt. Alexa hat Angst und versucht, der
schrecklichen Situation zu entkommen. (Stellen Sie
sich vor, zwei Riesen würden Sie an Händen und
Füßen halten, während ein Dritter an Ihnen herum-
hantiert.) Die Familie möchte Alexa kämmen und
hält sie immer mehr fest, Alexas Angst steigt weiter.

Lösung Um den Kreis von Angst und Aggression
zu unterbrechen, darf Alexa das Kämmen nicht
mehr mit Schmerz und Festhalten in Verbindung
bringen. Zuerst werden Kamm und Bürste immer in
Sichtweite auf den Couchtisch gelegt. Alexa wird
sich zuerst verstecken – sie meint ja, sie soll wieder
gekämmt werden. Passiert aber nach einiger Zeit
nichts, kommt sie wieder aus ihrem Versteck heraus.

Entspannende **Massagen**

WELLNESS Auch Katzen lieben Massagen. Leich-
te, kreisende Bewegungen mit einzelnen Fingern
oder der ganzen Hand wirken beruhigend und ent-
spannend – nicht nur auf die Katze.

VON KOPF BIS FUSS Beginnen Sie vorsichtig
bei den Ohren und arbeiten sich langsam über
den Rücken bis zum Schwanz vor. Häufig empfinden Katzen Berührungen an den Pfoten oder am
Bauch zunächst einmal als unangenehm. Bemerken Sie, dass Ihre Katze sich verspannt, hören Sie
auf und massieren an anderer Stelle weiter.

BERUHIGEN Sprechen Sie mit ruhiger Stimme
zu Ihrer Katze, während Sie sie massieren. Mit
der Zeit wird sich die Katze ganz auf Sie einlassen
und sich völlig entspannen. Und dieses Gefühl
wirkt auch noch eine ganze Weile nach.

Bevor es zu einer körperlichen Auseinandersetzung kommt, versuchen Katzen den vermeintlichen Feind durch Drohgebärden und Schreien zu vertreiben.

Hat die Katze sich dann an den Anblick von Kamm und Bürste gewöhnt und verhält sie sich wieder normal, nimmt ein Familienmitglied die Bürste in die Hand, während Alexa auf der Couch liegt und schmusen möchte. Weiter passiert noch nichts. Bleibt Alexa brav liegen, bekommt sie eine Belohnung. Hat sie sich auch an den Anblick der Bürste in der Hand gewöhnt, kann langsam begonnen werden, ganz vorsichtig mit der Bürste über Alexas Rücken zu streichen. Auch hier wird die Katze gelobt und belohnt, wenn sie alles über sich ergehen lässt. So lernt Alexa in kleinen Schritten, dass das Kämmen nicht nur mit Schmerzen verbunden ist, sondern durchaus auch seine angenehmen Seiten haben kann.

Begleitende Maßnahmen Unterstützend wirken die Bach-Blüten Impatiens und Vine und Aromen wie Vanille oder Neroli (→ Kasten Seite 42 und 47).

Aggressivität gegenüber dem Halter

Fallbeispiel Die 5-jährige Bine ist eine verspielte, liebe Katze mit Freigang. Sie liebt es, tagsüber im Garten zu stromern und im Gras nach kleinen Käferchen und Fliegen zu jagen. Seit einem halben Jahr lässt sich Bine jedoch nicht mehr gern streicheln, sie schlägt dann sofort zu. Zu diesem Zeitpunkt ist ein junger Hund ins Haus eingezogen. Bine hat den Welpen relativ schnell akzeptiert; sie geht ihm zwar aus dem Weg, zeigt ihm gegenüber aber keinerlei Angst oder aggressives Verhalten.

Erklärung Bine ist eifersüchtig. Der neue Hund erhält viel Aufmerksamkeit und Zuwendung; jedes Familienmitglied beschäftigt sich mit dem Welpen. Auch wenn die Spiel- und Streichelstunden mit Bine nicht weniger geworden sind, fühlt sie sich zurückgesetzt. Außerdem riechen die Hände ihrer Menschen nicht mehr wie früher, sondern nach Hund. Weil sie auch noch eifersüchtig ist, greift Bine die Hände ihrer Besitzer an. Sie möchte den Hundegeruch vertreiben.

Lösung Bine hat im Haus die älteren Rechte. Die muss sie auch behalten. Jedes Familienmitglied begrüßt ab nun zuerst einmal die Katze, wenn es nach Hause kommt. Auch beim Fressen ist Bine die Erste. So soll sie lernen, dass ihr der Hund nichts von der Zuneigung ihrer Familie wegnimmt. Bines Decke wird in den Hundekorb gelegt, damit sich die Gerüche vermischen; nach ein paar Tagen bekommt sie sie wieder. Dazu vermehrte Schmuse- und Spielstunden, reichlich Leckerli und Lob, wenn sie sich gut benimmt – das lässt die Eifersucht abklingen.

Begleitende Maßnahmen Unterstützen können Sie eifersüchtige Katzen durch die Bachblüten Holly und Beech und Aromen wie Neroli oder Kardamom (→ Kasten Seite 42 und 47).

Unerklärliches Verhalten

Viele Erkrankungen bei Katzen haben ihre Ursachen im seelischen Bereich. Da werden etwa unerfüllbare Wünsche, Sehnsüchte und Träume der Katzenbesitzer auf die Tiere übertragen. Oder Probleme in der Familie verursachen schlechte Schwingungen, auf die eine Katze mit körperlichen Erkrankungen reagiert. Einige unerklärliche Verhaltenweisen haben aber durchaus auch profane Ursachen. So können Pollen, Hausstaubmilben, Pilzerkrankungen, Wurmbefall und Flohallergien, aber auch Infektionen Krankheiten auslösen. Manches für uns seltsame Verhalten ist der Versuch der Katze, ihr körperliches Wohlbefinden wiederherzustellen.

Übermäßiges Schlecken

Fallbeispiel Der 8-jährige Jerry hatte immer ein wunderschönes, schwarzes, glänzendes Fell. Er lebt als Hauskatze seit vielen Jahren bei seiner Familie. Beim Fressen ist er nicht anspruchsvoll, er bekam von Anfang an Trocken- und Feuchtfutter derselben Marke. Jerry hat das Futter all die Jahre über gut vertragen, es ging ihm bestens. Doch seit einiger Zeit ist sein Fell stumpf geworden, Jerry kratzt sich vermehrt am Kopf, am Bauch hat er sich schon fast kahl geschleckt.

Erklärung Ein Besuch beim Tierarzt bringt Klarheit: Jerry leidet an einer Futtermittelallergie, deren Ursache in einer veränderten Zusammensetzung des Fertigfutters liegen kann. Der Kater reagiert plötzlich auf einen Bestandteil im Futter allergisch.

Lösung Der einfachste Weg, die Allergie zu umgehen, ist auf ein spezielles Sensible-Premium-Futter zu wechseln. Allerdings könnte genau der Bestandteil, auf den die Katze allergisch reagiert, auch in dem neuen Futter enthalten sein. Zudem muss das neue Futter mindestens sechs bis acht Wochen gefressen werden, bis eine Besserung erkennbar wäre. Bringt die Futterumstellung nichts, muss die Katze eine sogenannte Eliminationsdiät einhalten, bei der das Futter nur aus wenigen Bestandteilen besteht, die die Katze vorher noch nie gefressen hat. Jerry jedoch hat das neue Sensible-Premium-Futter gut vertragen, schon nach sechs Wochen glänzte sein Fell wieder. Der Juckreiz ließ nach, und die kahlen Stellen verschwanden.

Begleitende Maßnahmen Unterstützend auf die Psyche der Katze wirken die Bach-Blüten Crab Apple und Aromen wie Ysop oder Zypresse (→ Kasten Seite 42 und 47).

Putzen gehört zur täglichen Körperpflege; die abgestorbenen Haare und Schmutz werden entfernt.

Die **halbfett** gesetzten Seitenzahlen verweisen auf Abbildungen, U = Umschlag, UK = Umschlagklappe.

Die Inhalte dieses Buches beziehen sich auf die Bestimmungen des deutschen Tier- bzw. Artenschutzes. In anderen Ländern können die Angaben abweichen. Erkundigen Sie sich daher im Zweifelsfall bei Ihrem Zoofachhändler oder bei der entsprechenden Behörde.

Adressen

› Fédération Internationale Féline (FIFe), 17 Rue du Verger, L-2665 Luxembourg, www.fifeweb.org
› Feline Federation Europe® (FFE), Breite Gasse 27, 90402 Nürnberg, www.ffe-europe.de
Erste beim Vereinsregister offiziell eingetragene Dachorganisation in Deutschland.

Wichtiger **Hinweis**

› Oft sind körperliche Erkrankungen die Ursache für eine Verhaltensänderung. Konsultieren Sie daher immer zuerst den Tierarzt, um sicherzustellen, dass Ihre Katze gesund ist.

› Kontrollieren Sie in regelmäßigen Abständen Augen, Ohren und Fell auf Veränderungen. So lassen sich manche Krankheitsanzeichen frühzeitig erkennen.

› Kranke Katzen nehmen Stimmungen verstärkt wahr. Versuchen Sie deshalb, sich Ihrem Tier in dieser Situation möglichst ruhig und entspannt zu nähern.

› Deutsche Edelkatze e. V., Geisbergstr.2, 45139 Essen, www.deutsche-edelkatze.de
› 1. Deutscher Edelkatzenzüchterverband e. V. (1. DEKZV e. V.), Berliner Str. 13, 35614 Asslar, www.dekzv.de
› World Cat Federation e. V. (WCF), Geisbergstr. 2, 45139 Essen, www.wcf-online.de
› TICACats e. V, German American Cat Club e. V., Friedrichsbrunner Str. 15, 12347 Berlin, www.ticacats.de
› Österreichischer Verband für die Zucht und Haltung von Edelkatzen (ÖVEK), Liechtensteinstr. 126, A-1090 Wien, www.oevek.org
› Fédération Féline Helvétique (FFH), Alfred Wittich (Präsident), Büntacher 22, CH-5626 Hermetschwil, www.ffh.ch

Registrierung von Katzen

› TASSO e. V., Haustierzentralregister, 65784 Hattersheim, Tel. 0 61 90/93 73 00, www.tasso.net, E-Mail: info@tasso.net
› Internationale Zentrale Tierregistrierung (IFTA), Nördliche Ringstr. 10, 91126 Schwabach, Tel. 00 8 00/43 82 00 00 (kostenlos), www.tierregistrierung.de

Fragen zur Haltung

beantworten Ihr Zoofachhändler und der Zentralverband zoologischer Fachbetriebe Deutschlands e. V. (ZZF), Tel. 06 11/44 75 53 32 (nur telefonische Auskunft möglich: Mo 12–16 Uhr, Do 8–12 Uhr) www.zzf.de

Internet-Adressen

Alles rund um die Katzenhaltung finden Sie bei
› www.schmusekatzen.de
› www.edelkatzen.de
› www.welt-der-katzen.de
› www.katze-und-du.at

Internetforen für Katzenfreunde
› www.miau.de
› www.netz-katzen.de

Informationen über giftige Pflanzen erhalten Sie unter:
› www.giftpflanzen.ch
› www.botanikus.de

Literatur

› Bessant, C.: Die Geheimnisse der Katzensprache. Kosmos Verlag, Stuttgart
› Hofmann, H.: Meine Katze. Gräfe und Unzer Verlag, München
› Jansen-Nöllenburg, S.: Wie Katzen mit uns reden. Müller Rüschlikon Verlag, Stuttgart
› Ludwig, G.: 300 Fragen zur Katze. Gräfe und Unzer Verlag, München
› Schmidt, S.: Bach-Blüten. Gräfe und Unzer Verlag, München

Zeitschriften

› Die Edelkatze. Illustrierte Fachzeitschrift für Katzenfreunde. Verbandszeitschrift des 1. DEKZV (→ Adressen)
› Our Cats. Deutschlands modernes Katzenmagazin. Minerva-Verlag GmbH, Mönchengladbach
› Katzen extra. Gong Verlag Ismaning

Freude am Tier

Die neuen Tierratgeber – da steckt mehr drin

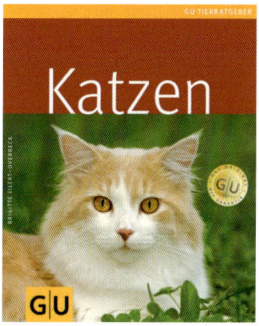

ISBN 978-3-8338-0867-8
64 Seiten

ISBN 978-3-8338-1166-1
64 Seiten

ISBN 978-3-8338-0579-0
64 Seiten

ISBN 978-3-8338-1935-3
64 Seiten

ISBN 978-3-8338-0525-7
64 Seiten

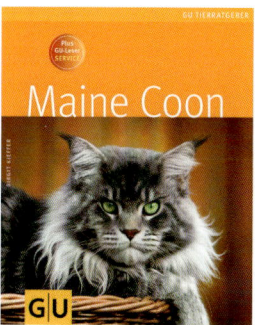

ISBN 978-3-8338-1604-8
64 Seiten

Änderungen und Irrtum vorbehalten.

Das macht sie so besonders:

Praxiswissen kompakt – vermittelt von GU-Tierexperten

Praktische Klappen – alle Infos auf einen Blick

Die 10 GU-Erfolgstipps – so fühlt sich Ihr Tier wohl

Willkommen im Leben.

Liebe Leserin und lieber Leser,

wir freuen uns, dass Sie sich für ein GU-Buch entschieden haben. Mit Ihrem Kauf setzen Sie auf die Qualität, Kompetenz und Aktualität unserer Ratgeber. Dafür sagen wir Danke! Wir wollen als führender Ratgeberverlag noch besser werden. Daher ist uns Ihre Meinung wichtig. Bitte senden Sie uns Ihre Anregungen, Ihre Kritik oder Ihr Lob zu unseren Büchern. Haben Sie Fragen oder benötigen Sie weiteren Rat zum Thema? Wir freuen uns auf Ihre Nachricht!

Wir sind für Sie da!
Montag –Donnerstag: 8.00 –18.00 Uhr;
Freitag: 8.00 –16.00 Uhr *(0,14 €/Min. aus dem dt. Festnetz/ Mobilfunkpreise
Tel.: 0180-5 00 50 54*
Fax: 0180-5 01 20 54* maximal 0,42 €/Min.)
E-Mail:
leserservice@graefe-und-unzer.de

P.S.: Wollen Sie noch mehr Aktuelles von GU wissen, dann abonnieren Sie doch unseren kostenlosen GU-Online-Newsletter und/oder unsere kostenlosen Kundenmagazine.

GRÄFE UND UNZER VERLAG
Leserservice
Postfach 86 03 13
81630 München

Projektleitung: Nadja Harzdorf
Lektorat: Sylvie Hinderberger
Bildredaktion: Daniela Jelinek, Alexandra Dimitrijevic (Cover)
Umschlaggestaltung und Layout: independent Medien-Design, Horst Moser, München
Herstellung: Claudia Labahn
Satz: Uhl + Massopust, Aalen
Reproduktion: Longo AG, Bozen
Druck: Firmengruppe APPL, aprinta druck, Wemding
Bindung: Firmengruppe APPL, sellier druck, Freising

Printed in Germany

ISBN 978-3-8338-1199-9

3. Auflage 2011

Syndication:
www.jalag-syndication.de

Die Autorin

Birgit Kieffer ist Tierpsychologin mit eigener tierpsychologischer Praxis. Seit inzwischen 25 Jahren gilt ihre Leidenschaft insbesondere den Katzen und deren faszinierendem Wesen. Sie selbst züchtet seit langem Maine-Coon-Katzen. Ihr Wissen über die Seele und das Verhalten von Tieren und ihre langjährige Erfahrung mit den sensiblen Samtpfoten gibt sie seit mehreren Jahren in ihrer tierpsychologischen Praxis und in Vorträgen und Seminaren weiter.

Die Fotografin

Jana Weichelt ist Tierfotografin aus Leidenschaft. Sie arbeitet selbstständig als Bildautorin für renommierte Verlage. Weitere Informationen finden Sie unter www.kalenderfoto.de.

Bildnachweis

Alle Fotos stammen von Jana Weichelt mit Ausnahme von: Oliver Giel: Seite 45 (2), Jodi Jacobson/OKAPIA: Seite 15 Mitte links.

GRÄFE UND UNZER

Ein Unternehmen der
GANSKE VERLAGSGRUPPE